Photovoltaik ohne Vorkenntnisse

Innerhalb von 7 Tagen zur eigenen Stromerzeugung

Benjamin Spahic

Impressum:

PBD Verlag

Autor: Benjamin Spahic
Anschrift:
Benjamin Spahic
Konradin-Kreutzer-Str. 12
76684 Östringen

Lektor: Stephan Vogt
Titelbild: Kim Nusko
ISBN Taschenbuch: 9798784538543
ISBN Hardcover: 9798786764902

E-Mail: BenjaminSpahic@pbd-verlag.de
LinkedIn: Benjamin Spahic
Photovoltaik ohne Vorkenntnisse
Ersterscheinung 14.12.2021
Vertrieb durch kindledirectpublishing
Amazon Media EU S.à r.l., 5 Rue Plaetis, L-2338, Luxembourg

Disclaimer

Dieser Ratgeber wurde nach bestem Wissen und Gewissen verfasst, jedoch können trotz mehrfacher Durchsicht Unklarheiten oder Irrtümer nicht vollkommen ausgeschlossen werden. Außerdem stecken wir mitten in einem energetischen Umbruch. Gesetze, Vorschriften oder auch Anreize und Förderungen werden regelmäßig überarbeitet und angepasst.

Daher kann keinerlei Gewähr für die Aktualität, Korrektheit, Vollständigkeit oder Qualität der bereitgestellten Informationen übernommen werden. Haftungsansprüche gegen den Verfasser, welche sich auf Schäden materieller oder ideeller Art beziehen, die durch die Nutzung der dargebotenen Informationen bzw. durch die Nutzung fehlerhafter und unvollständiger Informationen verursacht wurden, sind ausgeschlossen. Das Buch stellt in keiner Art und Weise eine professionelle Anlage-, Investitions-, Vermögens- oder Steuerberatung dar und ersetzt diese auch nicht. In diesem Buch werden keine Garantien oder Versprechungen zu Gewinnen gemacht. Alle Aussagen entsprechen der subjektiven Meinung des Autors.

Bei konstruktiver Kritik, Vorschlägen für weitere Kapitel, Änderungen oder Fehlerkorrektur nehmen Sie bitte umgehend Kontakt über die E-Mail-Adresse im Impressum auf.

Inhaltsverzeichnis

1 Vorwort und Einleitung

Die Energiewende – kaum ein anderes Thema wird zurzeit so sehr medial, politisch als auch gesellschaftlich diskutiert wie die Wende hin zu erneuerbaren Energieträgern. Und das nicht unbegründet. Mittlerweile sind direkte Auswirkungen des Klimawandels in Form von häufigeren Naturkatastrophen oder länger anhaltende Dürreperioden angekommen.

Wenn wir nichts ändern, werden die Meeresspiegel steigen. Dürren und Überschwemmungen werden weltweite Hungersnöte auslösen. Circa 30 % der weltweiten Agrarflächen sind gefährdet, Ernteerträge sinken, und das Essen wird teuer. Man geht bei einer Erwärmung von 2 °C von über 200 Millionen Menschen aus, die zu wenig Zugang zu Lebensmitteln bekommen werden, und bei 4 °C über 1,8 Milliarden. Das ist circa die dreifache Population Europas. Seit mehreren Jahrzehnten warnen Klimaforscher und Klimaforscherinnen vor dem menschengemachten Einfluss auf unser Wetter.

Bereits 1980 wurde der Ausbau von erneuerbaren Energien in Reaktion auf die damalige Ölkrise erheblich vorangetrieben. Jedoch wird der Ausbau seit Jahrzehnten von großen Ölkonzernen und Kohlekraftwerksbetreibern systematisch ausgehebelt.

Mittlerweile sind wir an einem Punkt angekommen, wo der Druck der Bevölkerung, der Wissenschaft und der *Fridays for Future* Bewegung so groß geworden ist, dass selbst konservative Politiker und Vorstände von großen Ölkonzernen das Ziel Zero-CO_2 ausgerufen haben.

Lange war man sich in der Politik uneinig, ob oder wann man die Energiewende umsetzen solle. Mittlerweile ist klar, dass die Energiewende kommen wird, und zwar so schnell wie möglich. Ob der Sinneswandel zu spät kam, wird sich zeigen.

Jedoch können wir bereits jetzt festhalten, dass sich zukünftig deutlich mehr tun muss als bisher.

Die uns bevorstehende Transformation wird gigantisch sein. Und wie immer bei großen Veränderungen wird es Menschen geben, die von der Energiewende profitieren sowie andere, die die Rechnung für jahrelange Misswirtschaft der Politik zahlen müssen, beispielsweise durch höhere Heiz-, Strom- oder Benzinkosten.

Und hier setzt das Kernthema dieses Buches an: die Selbstversorgung von Strom- und Wärmeenergie mit Hilfe der Sonne. Eine privat genutzte Photovoltaikanlage in Verbindung mit einem moderaten Stromspeicher war noch nie so wirtschaftlich wie heutzutage. Nicht nur, dass man über die Laufzeit der Solaranlage bares Geld spart, man macht sich auch unabhängig vom Netzbetreiber, entlastet das Stromnetz und treibt dabei die Entwicklung und den Ausbau erneuerbarer Energien mit voran.

Es ist also wirklich sinnvoll, sich frühzeitig mit Photovoltaikanlagen und Energiespeichern auseinanderzusetzen. Egal, ob man lediglich ein oder zwei Solarpanels auf das Dach des VW-Campingbusses montiert, man sich die Sonnenseite des Satteldachs bestückt, oder man als Großinvestor in Solarparks investieren möchte: Die physikalischen Grundlagen sind bei all diesen Einsatzbereichen identisch.

In diesem Buch lernst du nicht nur die Grundlagen der Elektronik, sondern auch die konkrete Berechnung und die Auslegung deiner individuellen Photovoltaikanlage. Worauf muss man beim Angebot vom Solarteur achten? Ist ein Speicher für mich sinnvoll? Wie kann ich die Sonnenenergie möglichst effektiv nutzen?

All diese und viele weitere Fragen werden im Laufe dieses Buches beantwortet.Von den Grundlagen von Strom und Spannung über die Auswahl konkreter Bauteile bis hin zur ausführlichen Wirtschaftlichkeitsberechnung wird nichts ausgelassen. Vervollständigt werden die Überblicke mit konkreten Berechnungen verschiedener Szenarien und der Einsatzbreite von Photovoltaikanlagen.

Dabei werden stets aktuelle Beispiele angeführt und tiefergehende Hintergründe beleuchtet, so dass auch du schon bald Teil der Energiewende sein wirst und von ihr profitieren kannst.

Zur besseren Struktur sind im Buch an bestimmten Stellen immer wieder folgende Icons zu finden:

Rechensymbole: Hier wird es komplexer. Es wird ein Exkurs oder eine mathematische Herleitung angeführt.

Die Herleitung eines Themengebiets ist für das Verständnis hilfreich, ist jedoch nicht essenziell notwendig und eher für Wissbegierige gedacht.

Glühbirne: Hier werden die Kernpunkte eines Kapitels zusammengefasst. Diese Aussagen eignen sich gut zum Nachschlagen oder wenn man ein Themengebiet noch einmal überfliegt.

Achtung: Hier werden häufig Fehler genannt. Es wird gezeigt, wo und warum man häufig Hindernisse oder falsche Annahmen trifft.

Taschenrechner: Beispielrechnungen oder Verständnisfragen zum Nachvollziehen und Verinnerlichen.

Jetzt wünsche ich dir viel Spaß beim Lesen und Eintauchen in die wundervolle Welt der erneuerbaren Energien.

2 Physikalische Grundlagen

Das Thema Photovoltaik und Batteriespeicher kann schnell sehr technisch werden. Vor allem Leute, die technisch nicht sehr versiert sind, verwenden dabei Begrifflichkeiten oftmals fehlerhaft. Beispielsweise Politiker oder Gäste in öffentlichen Talkshows verwenden immer wieder unpassende Größen und Einheiten, so dass sich jeder Physiker nur vor Unverständnis an den Kopf fassen kann.

Deshalb schauen wir uns die wichtigsten physikalischen Größen und Zusammenhänge genau an.

Die folgenden Definitionen wurden aus dem Buch „***Elektrotechnik ohne Vorkenntnisse – Die Grundlagen in 7 Tagen verstehen***" übernommen. Das Buch ergänzt diese Buchreihe und ist ähnlich anfängerfreundlich aufgebaut wie das vorliegende Buch.

Wer die Elektrotechnik grundlegend und weitergehend verstehen möchte, für den empfiehlt sich dieser Ratgeber.

Die folgenden Abschnitte sind primär für Technikinteressierte, die die physikalischen Hintergründe einer Photovoltaikanlage verstehen möchten. Wenn die letzten Berührpunkte mit Mathematik und Physik schon einige Jahre zurückliegen, können die Themen trotz mehrfacher Vereinfachung teilweise schwer nachzuvollziehen sein. Wenn man lediglich eine eigene PV-Anlage auf das Dach des Eigenheims installieren lassen möchte, ist das Verständnis der technischen Hintergründe auch nicht essenziell notwendig.

Daher ist es vollkommen akzeptabel, wenn nicht alles bis ins kleinste Detail aufgenommen wird. Oftmals reicht es aus, die Kernaussagen zu behalten. Am Ende des Abschnitts werden die wichtigsten Formeln und Einheiten zusammengefasst.

2.1 Atome, Elektronen, Protonen

Um verschiedene Effekte der Elektrotechnik verstehen zu können, werfen wir zunächst einen Blick auf die Grundbausteine der Physik: die Atome. Jedes Material besteht auf der kleinsten Ebene aus Atomen. Ein Atom besteht aus positiv geladenen Teilchen, den *Protonen*, Teilchen ohne Ladung, den *Neutronen*, und negativ geladenen Teilchen, den *Elektronen*.

Da die Ladung eines Atoms insgesamt neutral ist, hat es entsprechend gleich viele Elektronen wie Protonen. Die Protonen und Neutronen bilden den Atomkern, während die Elektronen mit Lichtgeschwindigkeit um den Kern rasen. Im Atomkern ist beinahe die komplette Masse des Atoms vereint.

Jedes Element wie Wasserstoff, Sauerstoff, Kohlenstoff, Eisen oder auch Nickel, Kupfer und Zink hat eine ganz bestimmte, einzigartige Anzahl an Protonen und Elektronen, die das Element zusammenhalten.

Das kleinste und leichteste Element ist Wasserstoff. Es hat die *Ordnungszahl* 1, das bedeutet, dass es lediglich aus einem einzelnen Proton und einem Elektron besteht. Neutronen besitzt es keine. Eisen hingegen hat die Ordnungszahl 26 - besteht demzufolge aus 26 Protonen. Außerdem sind im Kern noch 30 Neutronen vorhanden, so dass das Eisenatom circa 56-mal so massereich ist wie der Kern eines Wasserstoffatoms.

Ein Molekül wie beispielsweise Kohlenstoffdioxid entsteht wiederum, wenn sich mehrere, einzelne Atome verbinden, hier ein Kohlenstoffatom mit zwei Sauerstoffmolekülen zu CO_2. Daher auch der Name Kohlenstoff - Di (zwei) Oxid (Oxid - Sauerstoffverbindung). Moleküle können durch verschiedene Reaktionen auch unter normalen Bedingungen entstehen. Beispielsweise ist das Rosten von Metall eine Reaktion von Eisen *Fe* und Sauerstoff *O* zu Eisenoxid Fe_2O_3 - der roten Rostschicht. Diese grundlegende Funktionsweise, dass sich Elemente durch äußere Einflüsse mit anderen Elementen verbinden und dabei Energie aufnehmen oder abgeben, ist essenziell für unser Leben und wird auch noch häufiger von Bedeutung sein.

2.2 Die Spannung, Stromstärke, Leistung

Die Grundlage für Strom und Spannung bilden geladene Teilchen wie Elektronen und Protonen, die in jedem Atom vorkommen. Durch verschiedene Prozesse können sich viele geladene Teilchen an einem Ort anhäufen.

Das **elektrische Potenzial**, oder auch **elektrostatisches Potenzial** genannt, beschreibt dabei vereinfacht ausgedrückt die Menge der Elektronen genauer gesagt der geladenen Teilchen, die an einem Ort, beispielsweise in einem Stück Draht, vorhanden sind.

Die Ansammlung geladener Teilchen beschreibt man als einen **Plus-** oder **Minuspol**, je nachdem, ob ein Elektronenüberschuss (Minuspol) oder ein Elektronenmangel (Pluspol) vorhanden ist.

Die Differenz zweier elektrischer Potenziale nennt man die **Spannung U**. Diese hat die Einheit **Volt**, abgekürzt mit **V**.

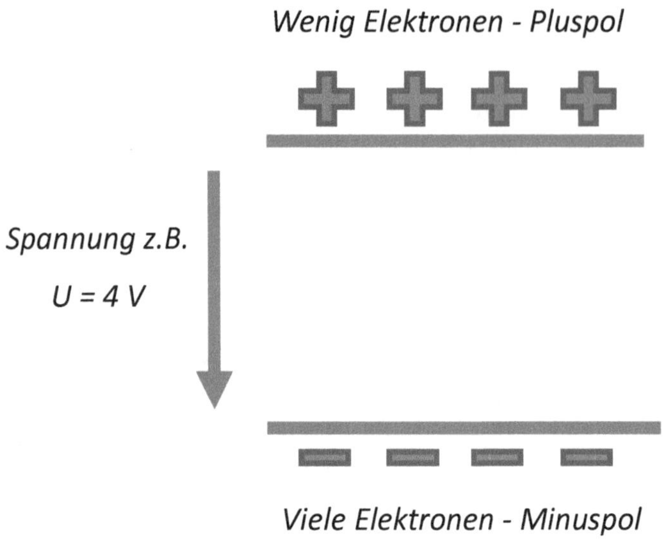

Abbildung 1 Potenzialdifferenz durch Ansammlung von Ladungsträgern

Bei einer Spannung ist immer darauf zu achten, dass sie lediglich eine **Potenzialdifferenz** angibt. Daher benötigt man immer ein **Bezugspotenzial**. Oftmals wird jedoch aus dem Kontext klar, auf was man sich bezieht.

Vergleichbar ist dieser Zusammenhang, dass man die Höhe eines Objekts beschreiben möchte. Man sagt: Das Haus ist das 10 m *hoch*. Dabei ist klar, dass damit gemeint ist, dass der höchste Punkt des Hauses 10 Meter über die Erdoberfläche hinausragt. Die Erdoberfläche ist dabei das Bezugspotenzial bzw. die Bezugshöhe.

Ebenso in der Elektrotechnik benötigt man für eine Spannung immer ein Bezugspotenzial. Ein Beispiel verdeutlicht das:

Eine normale AA-Batterie hat eine Spannung von 1,5 V. Das bedeutet, dass der Pluspol, also der obere Kontaktpunkt der Batterie, ein um 1,5 V höheres elektrisches Potenzial als der Minuspol besitzt. Vereinfacht sind am Minuspol 1,5 V „mehr" Elektronen als am Pluspol.

Das ist bereits alles, was wir wissen müssen, um die physikalische Größe der Spannung verstehen zu können.

Als Nächstes sehen wir uns den Begriff **Strom** an. Als Strom wird alles bezeichnet, was in irgendeiner Weise mit Elektrizität zu tun hat. Aber was ist Strom genau?

Strom ist nichts weiter als bewegte Ladungsträger, beispielsweise wenn Elektronen durch ein Kabel fließen.

Wenn Elektronen von einem Pol zu einem anderen fließen, nennen wir das einen **Stromfluss**. Das passiert, weil an einem Pol ein Elektronenüberschuss und am anderen Pol ein Elektronenmangel herrscht. Als Resultat findet eine Ausgleichsbewegung, ein Stromfluss, statt.

Ein Maß für die Stärke des Elektronenflusses ist die physikalische Größe, welche als **Stromstärke** bezeichnet und mit dem Formelzeichen **I** abgekürzt wird. Ihre Einheit ist das Ampere, abgekürzt mit **A**.

Nachdem wir Spannung und Stromstärke kennengelernt haben, schauen wir uns die elektrische Leistung näher an.

Aus Strom und Spannung ergibt sich die physikalische Größe **Leistung**, welche mit einem **P** abgekürzt wird.

Die Leistung ist eine physikalische Größe und bezeichnet die **Energie** bzw. Arbeit, die in einer **bestimmten Zeit** umgesetzt wird.

Die Einheit der Leistung ist das **Watt**, abgekürzt **W**.

Die Leistung ist das, was im Alltag entscheidend ist. Mehr Leistung bedeutet schnelleres Aufheizen eines Backofens oder eines Herds, mehr Leistung bedeutet mehr Rechenleistung am PC, und mehr Leistung bedeutet einen schnelleren Antrieb beim Elektroauto.

Die elektrische Leistung, die ein System oder ein Bauteil umsetzt oder erzeugt, errechnet sich, indem man die anliegende Spannung mit der Stromstärke multipliziert.

$$P = U \cdot I$$

Wenn eine Glühbirne an die 230 V - Steckdose angeschlossen wird und eine Stromaufnahme von 0,43 A benötigt, verbraucht die Glühbirne eine Leistung von

$$P = U \cdot I = 230\,V \cdot 0{,}43\ \mathrm{A} = 100\ \mathrm{W}$$

Zum Antreiben dieser Glühbirne kann man entsprechend ein Solarpanel mit einer Leistung von mindestens 100 W* verwenden.

**Vereinfachtes Beispiel, die Spannung müsste ebenfalls angepasst werden, z. B. durch zusätzliche Elektronik.*

2.3 Die Energie und der Wirkungsgrad

Energie umgibt uns in verschiedenen Formen. Wärmeenergie, die wir auf unserer Haut spüren, Bewegungsenergie, wenn unser Auto uns zur Arbeit fährt, oder elektrochemische Energie, die in Akkus und Batterien gespeichert wird.

Energie wird „verbraucht“, wenn eine **Leistung P** über einen **Zeitraum t** beansprucht wird.

Ist eine Leistung P über einen Zeitraum t wirksam, so wird eine Energie E mit $\mathbf{E} = \mathbf{P} \cdot \mathbf{t}$ umgesetzt.

Ihre physikalisch normierte Einheit für die Energie (SI-Einheit) ist das Joule, abgekürzt J. In der Elektrotechnik wird jedoch sehr häufig mit alternativen Einheiten, nämlich **Kilowattstunden,kWh**, gerechnet.

Das Präfix *Kilo* steht dabei für 1000, genau wie ein Kilometer 1000 Meter sind, ist ein Kilowatt 1000 Watt und eine Kilowattstunde entsprechend 1000 Wattstunden.

In diesem Ratgeber werden wir ebenfalls ausschließlich die kWh als Einheit verwenden.

Das ist sinnvoll, um zu beschreiben, wie viel Leistung (Watt) über wie lange (Stunden – h) anliegt.

Eine Kilo-Wattstunde besagt, dass wir eine Leistung von einem Kilowatt für eine Stunde lang verwendet haben.

Ein Föhn hat eine Leistungsaufnahme von 2000 W oder. 2 kW Lässt man den Föhn eine Stunde laufen, verbraucht der Föhn eine Energie von

$$2000\,W \cdot 1\,h = 2000\,Wh = 2\,kWh.$$

Die Leistung bleibt dabei die ganze Zeit über konstant bei,2 kWdie Energie ist von der vergangenen Zeit abhängig.

2.4 Energieerhaltung und Wirkungsgrad

Die meisten physikalischen Gesetze sind als „naturgegeben" anzusehen. Man kann diesen Gesetzen immer tiefer auf den Grund gehen, bis man auf der Ebene der kleinsten Teilchen angekommen ist. Wie stets gilt innerhalb dieses Rahmens jedoch, dass auf eine ausführliche Herleitung verzichtet wird und stattdessen das Verständnis und praktische Beispiele im Vordergrund stehen. So auch bei der **Energieerhaltung**.

Energieerhaltung besagt, dass im Universum eine feste Menge Energie vorhanden ist und diese nicht vernichtet oder erzeugt werden kann. Energie kann lediglich in verschiedene Formen umgewandelt werden. Beispielsweise in Wärme- oder Bewegungsenergie.

Bei einem Windkraftwerk wird die **Bewegungsenergie** des Windes als **Rotationsenergie** aufgenommen und anschließend in **elektrische Energie** umgewandelt.

Eine Einschränkung ergibt sich, dass bei jeder Umwandlung ein Anteil an nicht nutzbarer Energie anfällt, meistens in Form von Wärme. Das Verhältnis, wie viel

Energie bei einer Umwandlung erhalten bleibt und wie viel verloren geht, beschreibt der **Wirkungsgrad**. Der Wirkungsgrad ist eine dimensionslose Größe und wird mit dem griechischen Buchstaben **η (eta)** abgekürzt. Der Wirkungsgrad ist definiert als Verhältnis der nutzbaren Energie zur gesamten Energie.

$$\eta = \frac{\text{nutzbare Energie}}{\text{Gesamtenergie}}$$

Beim Umwandeln von Energie von einer Form in eine andere beschreibt der Wirkungsgrad das Verhältnis der nutzbaren Energie nach der Umwandlung zur gesamten Energie vor der Umwandlung. $\eta = \frac{\text{Energie nach der Umwandlung}}{\text{Energie vor der Umwandlung}}$

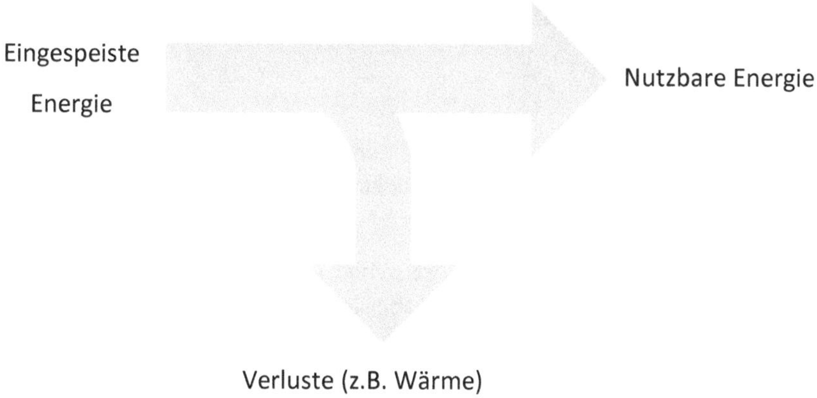

Abbildung 2 Wirkungsgrad

Man erkennt schnell, dass der Wirkungsgrad immer zwischen Null und Eins liegt. Oft wird der Wirkungsgrad in Prozent angegeben. Bei einem Wirkungsgrad von genau 1 (= 100 %) wird die komplette Energie verlustfrei umgewandelt. Bei einem Wirkungsgrad von null ist die komplette Energie nach der Umwandlung nicht mehr nutzbar.

Im Kontext des Wirkungsgrades werden auch oft die Begrifflichkeiten **Exergie** und **Anergie** verwendet. Exergie beschreibt den Teil der Energie, der genutzt werden kann.

Beim Autofahren ist das der Anteil der Energie, der in Antrieb zur Fortbewegung umgewandelt wird. Die Abwärme, also die Erhitzung des Motors, die ungenutzte Energie, bezeichnet man dabei als Anergie. Dazu schauen wir uns ein paar Beispiele aus dem Alltag an.

Photovoltaikmodule haben heutzutage einen Wirkungsgrad von circa **20 %**. Das bedeutet, dass nur ein Fünftel der Sonnenenergie in Strom umgewandelt wird, und dieser Strom muss dann wiederum auf die passende Spannung für die Steckdose gewandelt oder gespeichert werden, wobei wiederum Verluste im Bereich von 2–10 % auftreten können.

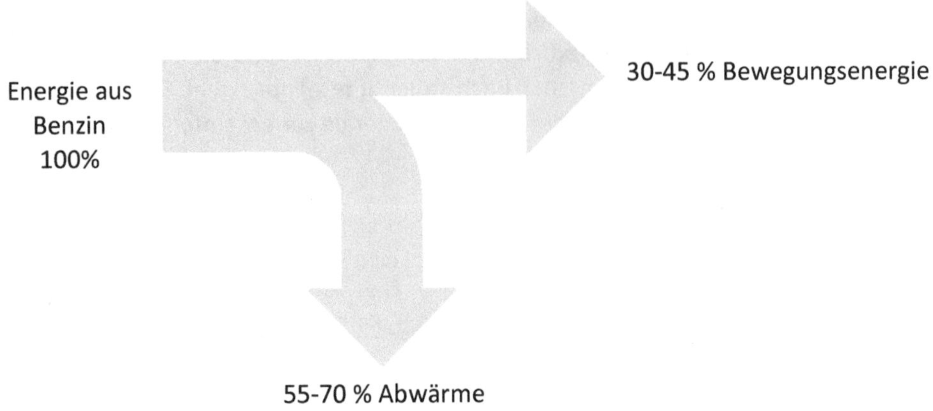

Abbildung 3 Beispiel des Wirkungsgrads

Ein klassischer **Verbrennungsmotor** hat einen Wirkungsgrad von circa **30–45%**, ein **Elektromotor**, wie VW, Tesla oder Audi ihn in ihren elektronischen Modellen verbauen, hat hingegen einen Wirkungsgrad von **mehr als 90 %!**

LEDs wandeln etwa **40 - 50 %** der elektrischen Leistung in Licht um. Den Rest benötigt die Steuerelektronik für die Stabilisierung des Stromflusses und wird dabei in Wärme umgewandelt. Bei herkömmlichen Glühlampen, den umgangssprachlichen *Glühbirnen*, liegt der Wirkungsgrad deutlich niedriger. Hier werden lediglich **10 - 20 %** der Energie in Licht umgewandelt, der Rest wird als Wärme freigesetzt. Ein **Steinkohlekraftwerk**, das die Energie aus der Kohle eigentlich einzig in elektrische Energie umwandeln sollte, erzeugt jedoch über **60 %** Wärmeenergie, also nur einen Wirkungsgrad von knapp **40 %**.

Werden mehrere Prozesse oder Umwandlungen hintereinander durchgeführt, ergibt sich der Gesamtwirkungsgrad durch Multiplikation der einzelnen Wirkungsgrade.

Eine **Windkraftanlage** kann **50 %** der Bewegungsenergie des Windes in Rotationsenergie umwandeln. Anschließend wird die Drehzahl des Rotors mittels eines Getriebes erhöht. Das Getriebe hat einen Wirkungsgrad von **95 %**. Der Generator, der schlussendlich die elektrische Energie bereitgestellt, hat einen Wirkungsgrad von **90 %**. Der Gesamtwirkungsgrad der Windkraftanlage ergibt sich somit zu

$\eta_{ges} = \eta_1 \cdot \eta_2 \cdot \eta_3 = 0{,}5 \cdot 0{,}95 \cdot 0{,}9 = 0{,}4275$ (entspricht 42,75 %)

Der Wirkungsgrad ist ein wichtiger Aspekt, wenn es um die Entwicklung und Förderung von Technologien geht, denn er steht oft im engen Zusammenhang zur wirtschaftlichen Rentabilität.

Dabei muss jedoch stets auf den Kontext geachtet werden. Sonnen- und Windenergie stehen **unbegrenzt** und **kostenlos** zur Verfügung. Deshalb ist der „geringe" Wirkungsgrad von 20 % bzw. 40 % **kein** K.-o.-Kriterium für diese Technologie. Gas oder Benzin hingegen sind Rohstoffe, haben daher einen Marktpreis, weshalb man dort möglichst viel Exergie aus den Rohstoffen ziehen muss, um rentabel operieren zu können.

Verbrennen wir Öl im Wert von 100 €, muss dabei mindestens Strom im Wert von 100 € erzeugt werden. Jedes Prozent Wirkungsgradsteigerung geht direkt in die wirtschaftliche Bilanz ein.

Damit haben wir alle Grundlagen der Elektrotechnik kennengelernt und stellen die wichtigsten Größen noch einmal tabellarisch dar.

Beschreibung	**Bezeichnung**	**Physikalische Größe**	**Einheit**
Ansammlung von geladenen Teilchen	Elektrostatisches Potenzial	φ	Volt V
Differenz zweier elektr. Potenziale	Spannung	U	Volt V
Fluss von Ladungsträgern	Stromstärke	I	Ampere A
Zusammenspiel von Spannung und Stromstärke	Leistung	P $P = U \cdot I$	Watt Kilowatt
Leistung, die über einen Zeitraum verwendet wird	Energie (E-Technik) Arbeit (Physik)	E (E-Technik) $E = P \cdot t$ W (Physik) $W = P \cdot t$	Wattstunden Wh Kilowattstunden kWh
Verhältnis der Energien bei einer Umwandlung	Wirkungsgrad	η $\eta = \frac{\text{nutzbare Energie}}{\text{Gesamtenergie}}$	Keine Einheit bzw. Prozent

Nachdem wir die Grundlagen der Elektrotechnik verinnerlicht haben, schauen wir uns an, wie Jahreszeiten entstehen, und was das für Auswirkungen auf unseren solaren Energieertrag hat.

3 Der Verlauf der Sonne

Die Sonne ist die Mutter allen Lebens auf der Erde. Schon antike Völker haben die Sonne angebetet und ihrer scheinbar unendlichen Energie gehuldigt. Die Sonne ist jedoch lediglich ein Stern in unserem Universum, wie Millionen andere Sterne auch.

Im Inneren der Sonne werden leichte Elemente wie Wasserstoff und Helium bei einem enormen Druck und über 15,6 Millionen °C fusioniert. Dabei entstehen größere Atome und eine große Menge an Energie. Diese Energie landet schließlich auch bei uns auf der Erde. Denn die überschüssige Energie wird ins Weltall abgestrahlt.

Dabei liefert die Sonne uns Energie in Form von einem **Mix aus Strahlung**. Wärmestrahlung, sichtbares Licht, aber auch schädliche UV-Strahlung, die beispielsweise für einen Sonnenbrand verantwortlich ist. Einen Teil der Sonnenstrahlung können wir mit Hilfe einer PV-Anlage nutzen.

Dabei tauchen jedoch schnell Fragen auf.

Ist Photovoltaik in Deutschland überhaupt wirtschaftlich? Macht eine Solaranlage auf einem Dach, welches nach Norden ausgerichtet ist, Sinn? Wie viel Energie kann ich im Winter erzeugen, und wie groß muss entsprechend der Speicher gewählt werden, um durch die Nacht zu kommen?

All diese Fragen sind bei der Auslegung einer Photovoltaikanlage zu beachten. Deshalb schauen wir uns in diesem Kapitel einmal die Sonneneinstrahlung im Jahres- sowie im Tagesverlauf an. Außerdem errechnen wir die optimale Ausrichtung der Photovoltaikanlage, wie viel Ertrag auf einem Nord-Dach möglich ist, und ob es wirtschaftlich und ökologisch sinnvoll ist.

3.1 Die Neigung der Erde

Unsere Erde steht nicht senkrecht im Weltall, sondern ist schräg **gekippt**. Sie ist um circa 23,44° geneigt.

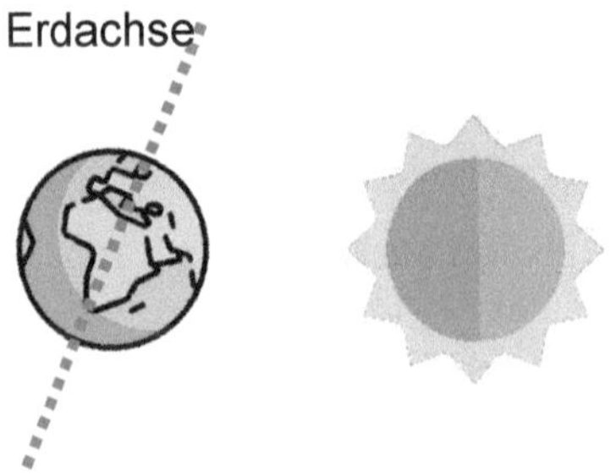

Abbildung 4 Neigung der Erde zur Sonne

Und das ist auch gut so, denn ohne diese Krümmung wären keine Jahreszeiten, wie wir sie kennen, möglich.

Die Jahreszeiten hängen dabei nicht davon ab, wie weit der Abstand zwischen unserer Erde und der Sonne ist. Im Winter ist die Erde um fünf Millionen Kilometer näher an der Sonne als im Sommer. Anfang Juli, sprich im Sommer, ist die Erde dabei so weit von der Sonne entfernt, wie zu keinem anderen Zeitpunkt im Jahr.

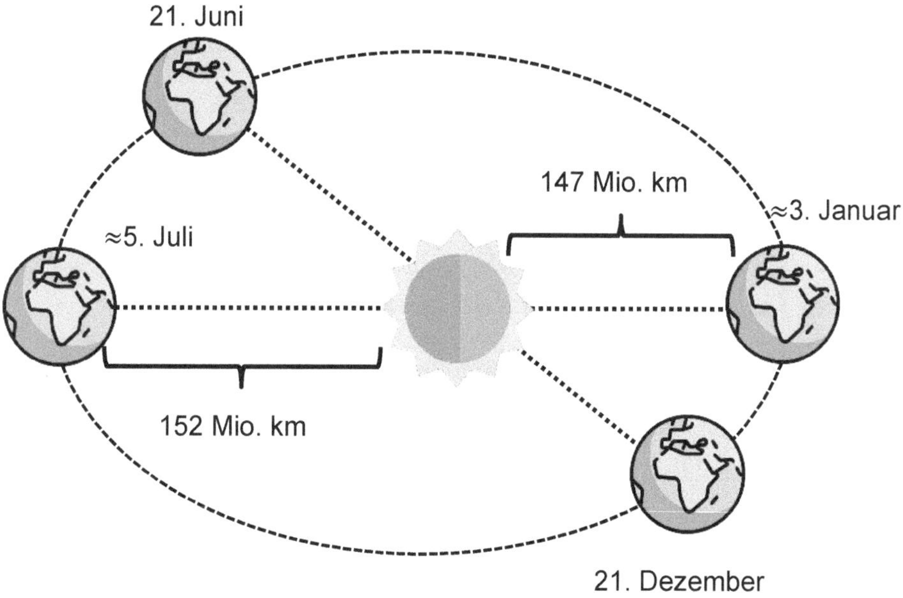

Abbildung 5 Abstand der Erde zur Sonne

Aber wovon hängt es dann ab, ob es bei uns schneit und Minusgrade anzeigt, oder ob wir bei 40 °C im Baggersee schwimmen gehen?

3.2 Die Entstehung der Jahreszeiten

Wir schauen uns zunächst einmal an, wo Mitteleuropa auf der Erdoberfläche zu finden ist. Entscheidend sind dafür der Längen- und Breitengrad.
Als Beispiel nehmen wir Süddeutschland. Die Großstadt Frankfurt am Main liegt auf dem 50. Breitengrad. Das bedeutet, dass Frankfurt 50° höher liegt als der Äquator.
Dazu kommt jedoch zusätzlich die Neigung der Erde. Der Neigungswinkel wird auch als **Deklinationswinkel** bezeichnet.

Die Deklination beschreibt den zusätzlichen Winkel des Sonnenstandes, welcher durch die Schieflage der Erde zustande kommt. Ohne die Schieflage läge die Deklination konstant bei 0°, und z. B. Frankfurt läge konstant in einem Winkel zur Sonne von 50°. Durch die Deklination erhöht oder verringert sich dieser Winkel je nach Jahreszeit und liegt zwischen -23,4° und +23,4°.

Den Verlauf der Deklination stellt die folgende Abbildung noch einmal visualisiert dar.

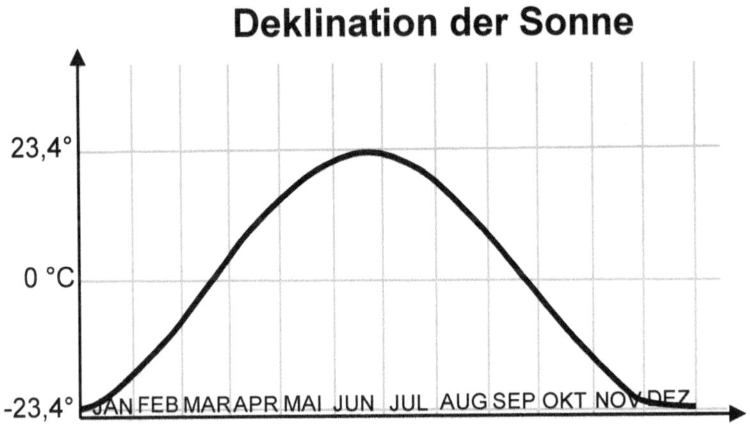

Abbildung 6 Deklination der Sonne

Da die Erdneigung 23,4° beträgt, bedeutet dies, dass Frankfurt **im Winter** einen absoluten Winkel gegenüber der Sonne von 50°+ 23,4° = **73,4°** besitzt.
Die Sonnenstrahlen sollten im Optimalfall im rechten Winkel auf die Erdoberfläche auftreffen, denn dann kann die Sonne die maximale Leistung liefern. Durch den Breitengrad und die zusätzliche negative Deklination von **23,4°** treffen die Sonnenstrahlen im Winter am Höchststand jedoch lediglich in einem Winkel von $90° - 50° - 23{,}4° = \mathbf{16{,}6°}$ * auf die Oberfläche auf.

*Einstrahlwinkel ergibt sich aus:
90° = Einstrahlung ohne Neigung am Äquator
50° = Breitengrad
23,4° = Deklination

Dieser Winkel wird daher auch als **Sonnenhöhe** bezeichnet.

Im Winter addiert sich zu dem ungünstigen Breitengrad von 50° zusätzlich die Neigung der Erde dazu. Die Deklination beträgt -23,4°. Die Neigung der Erde sorgt dafür, dass die Sonne im Winter um 23,4° tiefer steht als ohne die Neigung. Dadurch treffen die Sonnenstrahlen nur sehr flach auf die Erde auf. Die eintreffende Solarleistung ist gering.

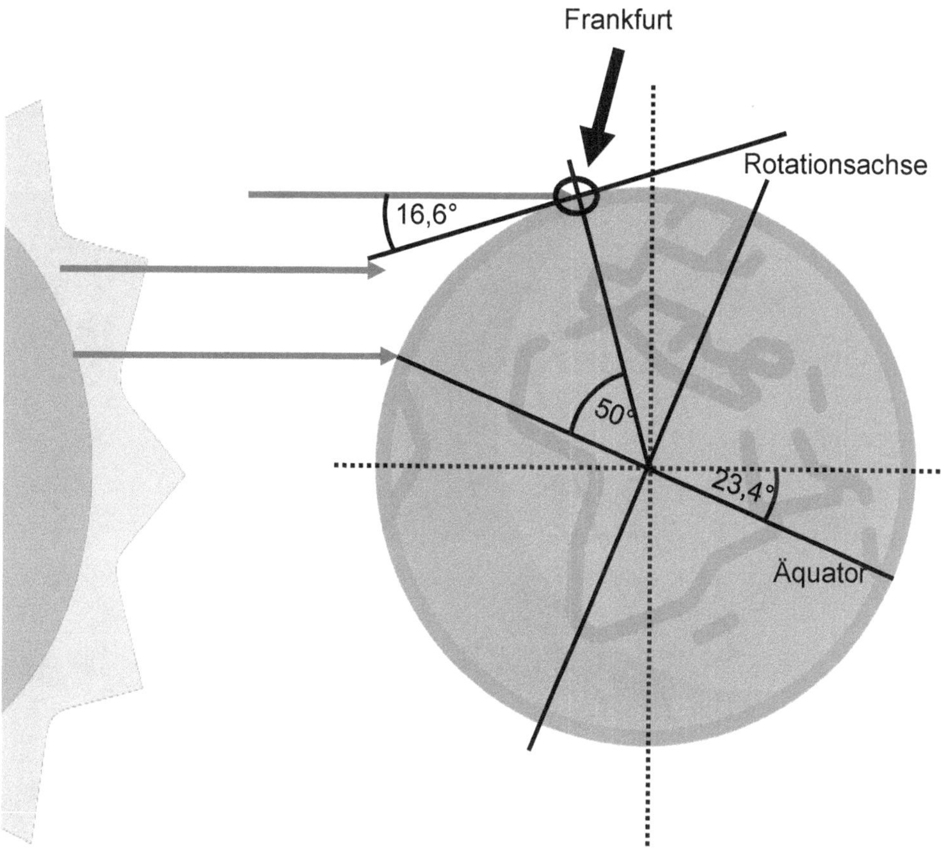

Abbildung 7 Einfallswinkel der Sonnenstrahlen im Winter

Im Sommer hingegen sieht die Lage genau andersherum aus. Die Schieflage der Erde neigt den Breitengrad von 50° um zusätzliche 23,4° zur Sonne hin. Dadurch ergibt sich eine Sonnenhöhe von $90° - 50° + 23{,}4° = \mathbf{63{,}4°}$.

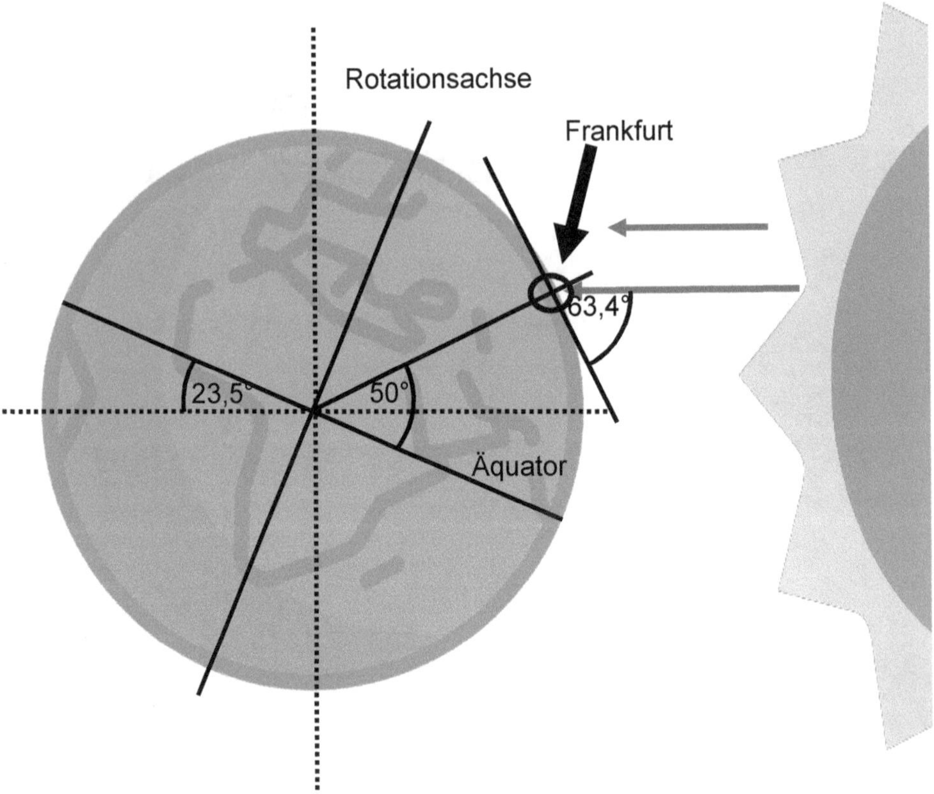

Abbildung 8 Einfallswinkel der Sonnenstrahlen im Sommer

Die Neigung der Erde sorgt dafür, dass die Sonne im Sommer um 23,4° höher steht als ohne die Neigung. Dadurch treffen die Sonnenstrahlen im Sommer steiler auf der Erdoberfläche auf und können mehr Leistung liefern. Als Resultat ist es wärmer.

Anhand der geometrischen Ausrichtungen können wir uns nun erklären, wie die Jahreszeiten zustande kommen und warum die Sonne im Sommer so viel stärker scheint als im Winter. Sie steht im Sommer um über 46° höher als im Winter, was durch die Deklination der Sonne zustande kommt.

Als Nächstes schauen wir uns an, wie viel Leistung auf der Erde auftritt und wie man dieses nutzen kann. In diesem Zug schauen wir uns gleichzeitig an, wie sich die Leistung im Tages- und Jahresverlauf ändert.

3.3 Die Sonnenleistung und Globalstrahlung

Dass wir durch den verringerten Einstrahlwinkel nicht das volle Potenzial der Sonne ausschöpfen können, sollte uns bewusst sein. Das ist aber auch überhaupt nicht tragisch, denn die Unterschiede sind über das Jahr gesehen nicht so gravierend, wie man sich das zunächst denken mag.

Beginnen wir zunächst mit der Energie, die uns die Sonne Tag für Tag zur Erde schickt.

Die Sonne strahlt eine Leistung von 384 Millionen Petawatt an Leistung. Das entspricht 384 000 000 000 000 000 000 000 000 Watt!

Diese unvorstellbar große Zahl wird durch die Entfernung zur Erde, welche bei circa 149 Mio. km liegt, reduziert. Dennoch schickt uns die Sonne dadurch circa 8000-mal mehr Energie als wir benötigen.

Natürlich können wir diese Energie nicht vollständig einfangen, aber es zeigt, dass bereits ein kleiner Teil genügt, um die komplette Energieversorgung nachhaltig zu gestalten.

Die Sonneneinstrahlung wird dabei oftmals in Watt pro Quadratmeter $\frac{W}{m^2}$ angegeben.

Das Maximum der Strahlungsleistung, welche auf der Erdoberfläche ankommt, wird als Solarkonstante bezeichnet. Die theoretische Solarkonstante beläuft sich dabei auf circa **1367.**$\frac{\mathbf{W}}{\mathbf{m^2}}$

Durch die Abschwächung der Atmosphäre reduziert sich diese Strahlung jedoch stark.

Diese Einstrahlung der Sonne wird als **direkte Strahlung** bezeichnet. Durch die Atmosphäre, Wolken und andere Reflexionen entsteht zusätzlich noch **indirekte Strahlung**, welche oftmals als **diffuse Strahlung** bezeichnet wird.

Da all diese Größen sehr vom Standort und den damit verbundenen Sonnenstunden abhängen, fasst man die beiden Strahlungsarten in die **Globalstrahlung** zusammen.

Die **mittlere Globalstrahlung** gibt die Summe aus direkter und diffuser Einstrahlung an. Die Globalstrahlung wird ebenfalls in Watt pro Quadratmeter $\frac{W}{m^2}$ angegeben.

Da uns primär der **Energieertrag** interessiert, wird dieser in der **jährlichen Globalstrahlung** zusammengefasst.

Die jährliche Globalstrahlung gibt den Energieertrag, gesehen über ein volles Kalenderjahr, an. Die jährliche Globalstrahlung wird in Kilowattstunden pro Quadratmeter $\frac{\mathrm{kWh}}{\mathrm{m}^2}$ angegeben. Die jährliche Globalstrahlung, genauer gesagt der jährliche Energieertrag ist von der Lage und den Sonnenstunden abhängig, welche in Deutschland zwischen 1200 und 2000 variieren.

Die jährliche Globalstrahlung liegt in Deutschland an der südlichen Grenze im Bereich von bis zu circa **1250,**$\frac{\mathbf{kWh}}{\mathbf{m}^2}$ am nördlichen Ende hingegen lediglich bei **950.**$\frac{\mathbf{kWh}}{\mathbf{m}^2}$

Die jährlichen Globalstrahlungen werden von offiziellen Instituten wie dem deutschen Wetterdienst angegeben. Dort können verschiedene Wetterkarten für jeden Monat eingesehen werden. Dabei kann die direkte Strahlung, die Diffusstrahlung, die Globalstrahlung oder die jährliche Globalstrahlung angezeigt werden.

3.4 Änderung der Strahlungsintensität im Tagesverlauf

Wir wissen bereits, dass die Strahlungsintensität stark von der Sonnenhöhe abhängig ist, genauer genommen von dem Winkel der Sonnenstrahlung zu unseren Photovoltaikmodulen. Sind die Module zu flach aufgestellt, fangen wir weniger direkte Einstrahlung ein, welche deutlich intensiver ist als die Diffusstrahlung. Dafür wird die Diffusstrahlung länger eingefangen, nämlich auch wenn es bewölkt ist oder die Sonne sehr tief steht.

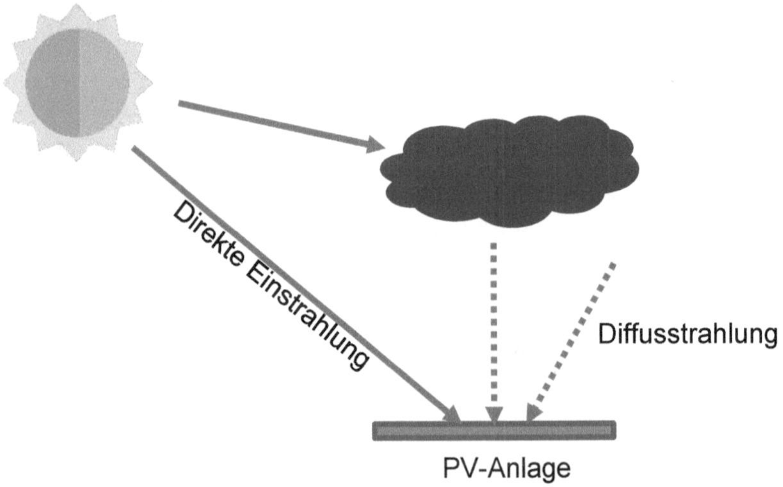

Abbildung 9 Zusammensetzung der Globalstrahlung

Bei einer Sonnenhöhe von mehr als 50° setzt sich die erzeugte Globalstrahlung zu über 75 % aus der direkten Sonneneinstrahlung und lediglich zu 25 % aus Diffusstrahlung zusammen. Bei tieferen Sonnenständen bis 10° gibt die direkte Einstrahlung lediglich 30 % Beitrag zur Globalstrahlung, die gestreute Himmelsstrahlung hingegen bis zu 70 %.

Die direkte Strahlungsleistung hängt dabei – wie bereits beschrieben – vom Winkel des Solarpanels zur Sonne ab. Optimalerweise ist der Winkel genau 90°. Dann stehen die Sonnenstrahlen direkt senkrecht zum Panel. Jedoch wandert die Sonne im Tagesverlauf.

Selbst am Mittag steht sie nicht im 90° Winkel über uns, sondern im Winter lediglich im 16,6° Winkel zur Erdoberfläche und im Sommer bei 63,4°.

Mathematisch können wir die aktuelle Leistung berechnen, indem wir die maximale Leistung mit dem Sinus der Sonnenhöhe multiplizieren.

$$P = P_{Max} \cdot sin(Sonnenhöhe)$$

Als Beispiel ergibt sich bei einer maximalen Sonnenhöhe von 63,4° eine Leistung von.$sin(63{,}4°) = 0{,}9$Das bedeutet, dass die direkte Sonneneinstrahlung auf eine flach liegende Fläche immerhin noch 90 % der maximal möglichen Leistung liefert. Aber was bedeutet das für die konkrete Auslegung einer Solaranlage?

3.5 Auslegung der Module

Um den größten Jahresertrag zu erzeugen, ist es das Ziel, so viel direkte Einstrahlung wie möglich einzufangen. Wie wir jedoch wissen, hängt die direkte Einstrahlung auch vom Sonnenstand über den Tag hinweg ab. Daher ist es erstrebenswert, die Neigung des Solarpanels dem Sonnenstand anzupassen, so dass die Sonnenstrahlen immer im 90° Winkel auf das Panel treffen. Dadurch erhält man den maximalen Ertrag.

Das bedeutet, dass das Panel im Winter am Mittag optimal mit einem Winkel von $90° - 16{,}6° = 73{,}4°$ aufgestellt werden soll. Im Sommer reichen hingegen $90° - 63{,}4 = 26{,}6°$. Weiterhin muss das Panel über den Tag angepasst werden. Am Morgen, wenn die Sonne flacher steht, muss es steiler aufgestellt und über den Tag nachgeführt werden.

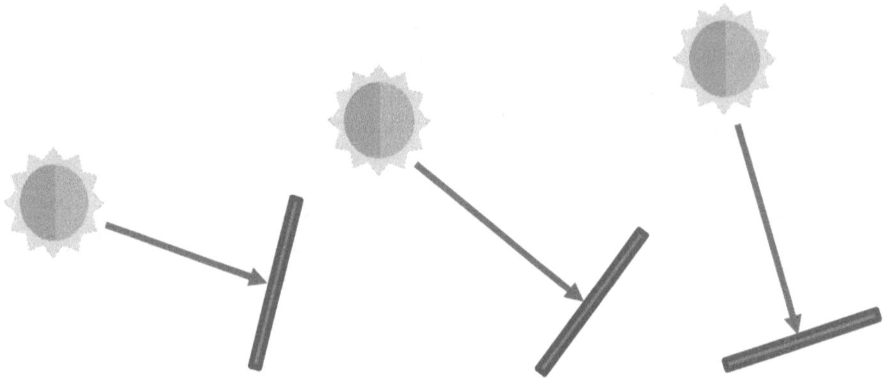

Abbildung 10 Nachführung eines Moduls für einen optimalen Sonnenwinkel

Wir sehen, dass man für den optimalen Ertrag eine aktive Nachführung benötigt. Einige Solarparks haben das bereits umgesetzt. Der Mehrertrag beläuft sich dabei auf bis zu 40 % im Vergleich zu einer Anlage, die vollkommen starr ausgerichtet ist. Der Mehrertrag steht jedoch meistens nicht in Relation zu den Kosten für die aktive Nachführung.

Trotz all dieser theoretischen Betrachtungen sieht die Realität vollkommen anders aus. In dem eben beschriebenen Szenario ging es um die Optimierung der direkten Sonneneinstrahlung. Eine aktive Nachführung ist in den meisten Fällen keine Option. Optimal, um im Jahresdurchschnitt den besten Ertrag zu erwirtschaften, ist ein nach Süden ausgerichtetes Dach mit einer Neigung von 30° bis 40°.

Wiederum ist im Norden ein stärker geneigtes Dach von 40° sinnvoller, da die Sonne im Schnitt etwas tiefer steht. Im Süden Deutschlands ist das Optimum bei einer Dachneigung von 30°.

Dabei gibt es zu beachten, dass in unseren Breitengraden im Jahresdurchschnitt jedoch rund $\frac{2}{3}$ **der erzeugten Energiemenge** nicht durch die direkte Sonneneinstrahlung produziert werden, sondern durch die indirekte Sonneneinstrahlung, sprich die Diffusstrahlung, welche durch Reflektionen und Brechungen entsteht.

Das bedeutet im Umkehrschluss, dass es vollkommen in Ordnung ist, wenn das Dach lediglich 20° oder 50° geneigt ist. Der Ertrag wird geringer sein, aber hält sich im unteren einstelligen Prozentbereich auf.

Ebenso ist die Ausrichtung nach Süden optimal. Ein Süd-West-Dach bringt hingegen lediglich $5 - 10$ % weniger Jahresertrag.

Und selbst ein nach Norden ausgerichtetes Dach, welches kaum bis keine direkte Sonneneinstrahlung erhält, bringt immer noch 60–70 % des Ertrages im Vergleich zu einer Südausrichtung. Selbst eine Nord-Dach-Bestückung kann daher wirtschaftlich sinnvoll sein. Wann und warum das genau der Fall sein kann, werden wir später noch ausführlich anhand mehrerer Beispiele kalkulieren.

Damit haben wir bereits die Grundlagen hinter uns. Mit dem Verständnis von Spannung, Stromstärke, Leistung und Energie können wir fortan, mit Selbstbewusstsein, in jede Diskussion einstiegen und stets die richtigen Einheiten und Zusammenhänge der elektrischen Größen verwenden.
Auch kann man in zukünftigen Gesprächen mit Fachbegriffen wie Sonnenhöhe, jährliche Globalstrahlung oder Deklination der Sonne trumpfen.

Im nächsten Kapitel schauen wir uns an, wie aus Wüstensand, einigen Boratomen und viel Ingenieurskunst Solarmodule hergestellt werden können.

4 Vom Quarzsand zum Solarmodul

Photovoltaik, Solaranlage, Solarthermie, Sonnenkollektor ... im Bereich der Ernte der Sonnenenergie treten immer wieder verschiedene Bezeichnungen auf. Diese können schnell zur Verwirrung führen.

Bevor wir uns den konkreten Herstellungsprozess eines Photovoltaikmoduls anschauen, klären wir deshalb zuvor die verschiedenen Begrifflichkeiten.

4.1 Begrifflichkeiten rund um Solarenergie

Es gibt viele Möglichkeiten, mit Hilfe der Sonne Energie zu gewinnen. Die zwei Technologien, welche sich auch im Verbraucherbereich durchgesetzt haben, sind die **Solarthermie** sowie die **Photovoltaik**.

Die Solarthermie besteht aus Röhren, in denen eine Flüssigkeit durch die Sonne erhitzt wird. Die Flüssigkeit kann dabei mehrere Hundert Grad heiß werden. Um Verluste zu minimieren, ist das Rohr, in der sich die Flüssigkeit befindet, nach außen hin isoliert.

Die Flüssigkeit wird anschließend verwendet, um warmes Wasser bereitzustellen, beispielsweise zum Heizen oder zum Duschen.

Die Photovoltaikanlage arbeitet grundlegend anders. Der Begriff Photovoltaik setzt sich aus *Photo*, dem griechischen Wort für Licht, und *Volt-(aik)*, der elektrischen Einheit der Spannung, zusammen.

Dabei ist die Erzeugung von elektrischer Energie mit Hilfe des **elektrophotovoltaischen Effekts** gemeint. Wenn Sonnenstrahlen auf die PV-Module treffen, wird die Energie in elektrische Energie umgewandelt.

Es handelt sich dabei um die PV-Anlage, welche hunderttausendfach verbaut wird und den aktuellen Stand der Technik darstellt.

Die Solarthermie wird mittlerweile kaum bis gar nicht mehr verbaut. Eine Photovoltaikanlage ist heutzutage wartungsarmer, langlebiger und erzeugt Strom statt Wärme, was als physikalisch **höherwertige Energie** bezeichnet werden kann. Denn aus Strom kann man leicht Wärme gewinnen. Andersherum ist es jedoch nicht so einfach der Fall. Deshalb kostet elektrische Energie in der Regel stets mehr als dieselbe Energie in Form von Wärme.

Außerdem kann man den Wärmeüberschuss der Solarthermie Anlage nicht übertragen und verkaufen, wie es bei der elektrischen Energie der Fall ist. Daher sind Solarthermie Anlagen meist auch weniger wirtschaftlich im Vergleich zu Photovoltaikmodulen.

Die Bezeichnung **Solaranlage** ist nicht eindeutig definiert. Theoretisch ist es der Überbegriff für alle Technologien, welche Energie mit Hilfe der Sonne erzeugen. In der Praxis ist heutzutage meistens die Photovoltaikanlage gemeint, da sich diese als Standard durchgesetzt hat.

Im Folgenden behandeln wir ausschließlich die Erzeugung von elektrischer Energie mittels einer Photovoltaikanlage. Wenn die Bezeichnung einer Solaranlage fällt, ist der Verbund aus Photovoltaikmodulen gemeint.

Nachdem die Begrifflichkeiten geklärt sind, schauen wir uns an, wie Solarzellen bzw. ganze Module gefertigt werden.

4.2 Fertigung von PV-Modulen

Alles beginnt mit Wüstensand, genauer gesagt mit einem Teil der Quarz-Sand-Verbindung, nämlich dem **Silizium**.

Silizium ist ein chemisches Element und kommt beispielsweise gebunden in Sand, aber auch anderen Gesteinsarten vor. Anders als beispielsweise die seltenen Erden ist es häufig zu finden. Silizium ist das zweithäufigste Element auf unserem Planeten. Da es jedoch beinahe ausschließlich in Verbindungen beispielsweise in Sand oder Quarzen vorkommt, muss es zunächst extrahiert werden, bevor es weiterverarbeitet werden kann.

Dafür wird das Silizium in mehreren Schritten elektrisch und chemisch erhitzt und anschließend bearbeitet. Nach mehreren energieintensiven Prozessen erhält man schlussendlich reines Silizium, bei dem auf eine Million Atome lediglich ein einziges Fremdatom zu finden ist. Ein Reinheitsgrad von 99,999 % ist der Stand der Technik.

Das ist wichtig, da Fremdatome ansonsten den Stromfluss blockieren könnten und den Wirkungsgrad der Module reduzieren.

Nachdem das Reinsilizium gewonnen wurde, kann es als Basis für die Solarzellen verwendet werden.

Früher waren sogenannte Dünnschichtmodule weitverbreitet. Dabei wird das Silizium auf eine homogene Fläche, beispielsweise ein Glas, aufgedampft. Jedoch wurde diese Technologie von den polykristallinen und monokristallinen Modulen abgelöst.

Der Vorteil dieser Module ist, dass sie einen besseren Wirkungsgrad aufweisen. Außerdem haben Dünnschichtmodule eine geringere Lebensdauer als die kristallinen Module.

Durch Massenproduktion sind die kristallinen Module zudem kostengünstiger geworden, so dass heutzutage beinahe ausschließlich poly- und monokristalline Solarmodule eingesetzt werden. Deshalb werden Dünnschichtmodule nicht weiter erwähnt, denn es handelt sich um eine aussterbende Fertigungstechnik.

Die Produktion der kristallinen Solarzellen ist jedoch komplexer als bei Dünnschichtmodulen. Dabei ist die Herstellung von polykristallinen und monokristallinen Solarzellen ebenfalls unterschiedlich.

Bei polykristallinen Solarzellen wird das Silizium erhitzt und in Blöcke gegossen. Durch das Abkühlen entstehen, ähnlich wie beim Gefrieren von Wasser zu Eis, verteilte Kristallstrukturen. Da sich viele verschiedene Kristalle ausbilden, spricht man von poly-(vielen)kristallinen Solarzellen.

Aus diesem ausgekühlten Siliziumblock werden anschließend hauchdünne Scheiben abgeschnitten. Die Scheiben weisen eine Dicke von 0,18 mm auf. Sie werden dabei als **Wafer** bezeichnet. Sie bilden die Basis der Solarzellen, wie wir sie kennen.

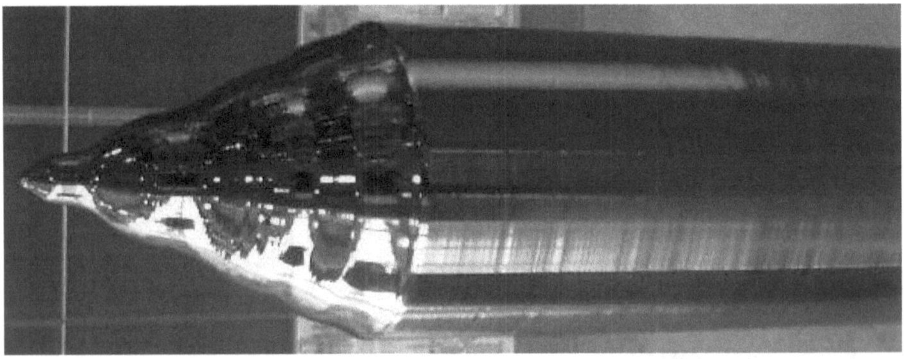

Abbildung 11 Monokristalliner Siliziumstab als Grundlage für Wafer

Bei den monokristallinen Solarzellen wird das Silizium nicht zu Blöcken gegossen, sondern zu einem einzigen (mono) Kristall **herangezüchtet**. Das wird beispielsweise realisiert, indem ein sogenannter **Impfkristall** eingesetzt wird. Anschließend wird, wie beim Ziehen von Kerzen aus Wachs, ein einziger, langer Kristall gezogen. Diese Säule hat einen Durchmesser von 20–30 cm, ist mehrere Meter lang und wiegt über 100 kg.

Aus dieser Siliziumsäule können ebenfalls Wafer abgeschnitten werden. Diese sind bedingt durch den Fertigungsprozess rund und nicht quadratisch, wie es bei den polykristallinen Modulen der Fall ist. Da runde Zellen unpraktisch für die optimale Platzausnutzung sind, wird die runde Säule zu einem Quader zugeschnitten, so dass schlussendlich ebenfalls quadratische Siliziumscheiben entstehen. Die Reste werden wiederverwertet.

Aber wo liegt der Unterschied zwischen den beiden Kristallarten?

Dadurch, dass die monokristallinen Module eine einzige Gitterstruktur aufweisen, kann der Strom – vereinfacht ausgedrückt – „besser“ durch das Material fließen. Dadurch entstehen im Vergleich zu polykristallinen Modulen höhere Wirkungsgrade. Die Ausbeute der Sonne pro eingesetztem Quadratmeter ist höher. Außerdem wird das Diffuslichtverhalten weiter optimiert. Vor allem in hohen Breitengraden ist das wichtig. Schließlich haben wir gesehen, dass circa $\frac{2}{3}$ der jährlichen Globalstrahlung auf Diffuslicht zurückfällt.

Deshalb haben monokristalline Module die polykristallinen Module immer mehr vom Markt verdrängt.

Nachdem die Wafer aus den Siliziumblöcken geschnitten wurden, werden sie weiterverarbeitet.

Bei der Produktion von Solarzellen werden in den Wafer (meistens Silizium) Fremdatome **dotiert** („eingepflanzt“). Dabei werden Fremdatome wie **Bor** oder **Phosphor** in das Siliziumgitter eingesetzt.

Das Silizium war zuvor neutral geladen. Die Fremdatome sind dies jedoch nicht. Phosphor beispielsweise hat ein Elektron „über“. Wird das Silizium mit Phosphoratomen dotiert, entsteht an der lokalen Stelle ein Bereich mit freien Elektronen. Man spricht von einem **negativ-dotierten Bereich**, kurz **n-Bereich**.

Bei Bor hingegen ist genau das Gegenteilige der Fall. Das Boratom besitzt von Natur aus ein Elektron „zu wenig“, man spricht auch von einem **Elektronenloch**. An der Stelle, wo Boratome eingepflanzt werden, entsteht analog ein **positiv-dotierter Bereich**, kurz **p-Bereich**.

Durch das Einsetzen von zusätzlichen Ladungsträgern ist das Material nicht mehr neutral, sondern auf einer Seite positiv und auf der anderen Seite negativ geladen.

Die Seite mit einem Elektronenüberschuss bildet dabei die Vorderseite der Solarzelle, welche zum Licht hingewandt ist.

Wenn nun energiereiche Sonnenstrahlen auf das dotierte Silizium treffen, werden die freien Elektronen auf ein höheres Energieniveau gebracht. Vereinfacht erklärt kann man sagen, dass unter Sonneneinstrahlung die Elektronen der Atome „herausgeschlagen“ werden.

Der entstehende Strom kann abtransportiert werden. Gleichzeitig bildet sich eine Spannung aus.

4.3 Optimierung des Wirkungsgrades

Damit ein möglichst hoher Wirkungsgrad erzielt werden kann, werden verschiedene Tricks angewandt. Beispielsweise wird die Oberfläche der Solaranlage texturiert. Das bedeutet, dass die Oberfläche bearbeitet wird, damit möglichst wenig Sonnenenergie reflektiert und möglichst viel Licht in die Solarzelle hineingeleitet wird. Diese Antireflektionsschicht gibt der Solarzelle die bekannte dunkelblaue Farbe.

Heutige Solarzellen haben eine Kantenlänge von **15,6 x 15,6 cm**. Diese erzeugen eine Spannung im Bereich von circa **0,5 V – 0,7 V** und eine maximale Stromstärke von circa 11 A. Daraus ergibt sich eine maximale Leistung von 4 bis 5 Watt.

Auf die Fläche gerechnet, ergibt das einen Wirkungsgrad von knapp 20 %.

Da die Leistung von 5 Watt unpraktikabel für größere Anwendungen ist, werden mehrere der einzelnen Solarzellen zusammengeschaltet.

Dadurch kann die Leistung beliebig erhöht werden. Gängige Solarmodule verwenden **60 oder 72 Solarzellen**, um sie zu einem Modul mit einer Modulleitung von 350 bis 400Watt zusammenzuschließen. Früher wurden die Module per Hand verlötet. Im Zuge der Automatisierung werden heutzutage ausschließlich industrielle Lötroboter eingesetzt.

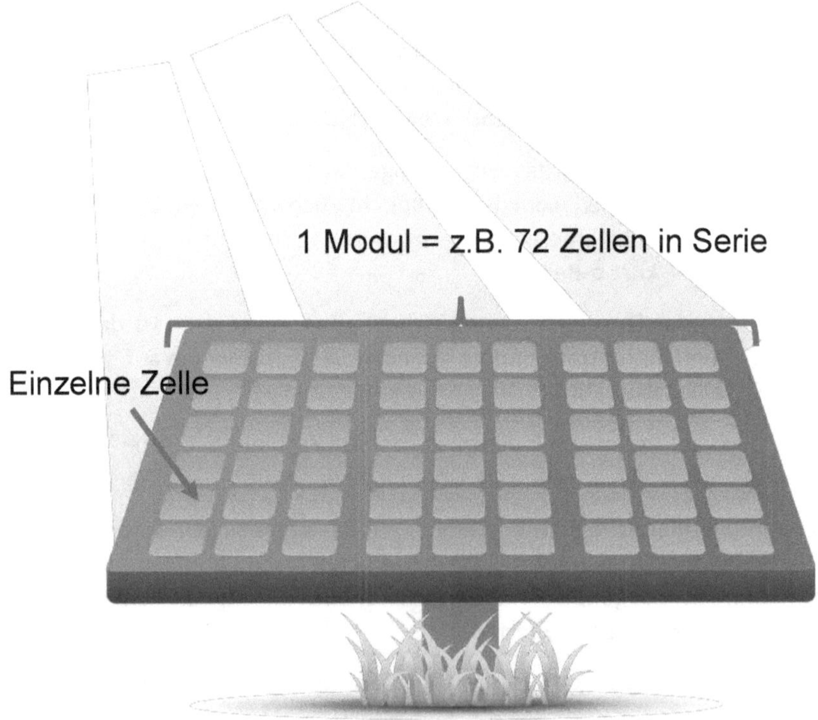

Abbildung 12 Zusammenschalung mehrerer Zellen zu einem Modul

Bisher sind die 0,18 mm dünnen Solarzellen noch anfällig vor Wind und Wetter. Deshalb werden die verbundenen Zellen hinter einer hochtransparenten Glasscheibe befestigt, welche gleichzeitig die Witterungsfestigkeit gewährleistet.

Zuletzt wird die Rückseite des Moduls isoliert und das Modul in einen Aluminiumrahmen eingelassen. An der Rückseite sind die Anschlüsse, welche wir uns ebenfalls später genauer anschauen werden, wenn es um die konkrete Verkabelung der Solarmodule gehen wird.

Schlussendlich entstehen so aus Wüstensand, einigen Fremdatomen und jeder Menge Ingenieurskunst ein Solarmodul, wie wir es kennen und wie es milliardenfach eingesetzt wird.

4.4 Stand der Technik

Momentan werden Solarmodule mit 60 oder 72 einzelnen Zellen und einer Länge von 1,6-1,8 m bei einer Breite von circa 1 m eingesetzt. Heutzutage sind Module standardmäßig 1755 mm x 1038 mm x 35 mm groß und circa 20 kg schwer. Je nach Effizienz der Module ergibt sich dadurch eine Leistung von bis zu 350–400 W pro Modul.

Der Trend geht seit Jahren zu größeren Modulen im Bereich von circa 2 × 1 m und einer maximalen Leistung von 400 bis 450 W.

Die **Leerlaufspannung** eines gesamten Moduls liegt dabei bei circa 30–40 V. Die Leerlaufspannung ist die Spannung, die wir an den Kontakten eines Solarpanels messen, wenn kein Verbraucher angeschlossen ist. Sobald wir einen Verbraucher anschließen, sinkt die Spannung ein wenig, beispielsweise von 40 V auf 37 V.

Eine weitere Größe, welche ein Solarpanel bestimmt, ist der *Kurzschlussstrom*. Dieser gibt den Strom an, wenn wir das Solarpanel kurzschließen, den Minus- und Pluspol des Moduls miteinander verbinden. Da der Strom sowie die Leistung eines Moduls von der Lichtstärke abhängig sind, wird dieser unter Standardtestbedingungen (STC –englisch: standard test conditions) angegeben.

Diese sind festgelegt auf eine Einstrahlleistung von $1000\ \frac{W}{m^2}$ und eine Modultemperatur von 25 °C.

Die Leistung wird daher auch in **Watt-Peak** angegeben.

Ein Solarmodul mit einer angegebenen Leistung von **300 Watt Peak** (Wp) bringt unter Laborbedingungen bei einer Modultemperatur von 25 °C und einer Einstrahlleistung von $1000\ \frac{W}{m^2}$ eine Leistung von 300 W. Das bedeutet jedoch auch, dass wir diese Leistung im Norden Deutschlands praktisch nie erreichen werden.

Auf der anderen Seite kann es im tiefen Süden, sofern die maximale Sonneneinstrahlung bei über 1200 $\frac{W}{m^2}$ liegt, auch kurzzeitig zu höheren Werten kommen.

Dabei spielt eine weitere physikalische Eigenschaft der Solarmodule eine wichtige Rolle. Wenn sich ein Modul erhitzt, kann es **weniger Strom** liefern.

Wir können uns als Analogie eine volle Fußgängerzone vorstellen. Die Elektronen sind dabei die Passanten. Je wärmer das Modul wird, umso schneller bewegen sich die Elektronen bzw. am Beispiel die Passanten in der Fußgängerzone. Ein neuer Fußgänger hat es bei höheren Temperaturen deutlich schwerer, sich durch die volle Fußgängerzone zu „drücken".

Analog ist es beim Stromfluss bei Solarmodulen. Ein Solarmodul kann bei höheren Temperaturen weniger Leistung liefern. Als Faustformel gilt, dass man pro 10 °C Temperaturerhöhung Leistungseinbußen von 4 % hinnehmen muss.

Dem entgegen steht jedoch der Zusammenhang, dass eine höhere Temperatur auch oftmals eine höhere Sonneneinstrahlung mit sich bringt. Als Resultat produziert eine Solaranlage im Hochsommer, beispielsweise im Juli und August, weniger Energie, bezogen auf die Einstrahlleistung, als im Mai oder Anfang Juni. Die Sonneneinstrahlung ist zwar deutlich stärker, jedoch werden die Module auch heißer, was den Wirkungsgrad der Module reduziert, so dass prozentual gesehen weniger Ertrag bleibt.

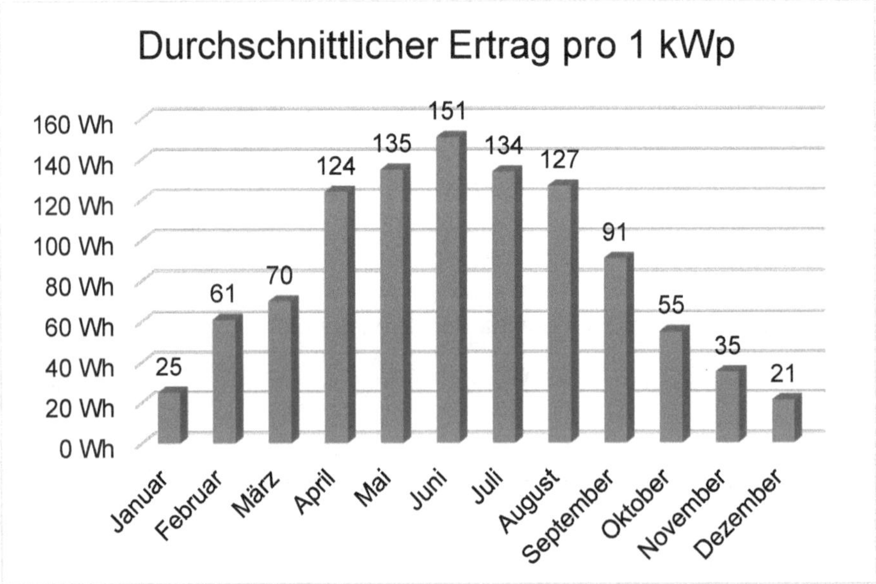

Abbildung 13 Monatlicher Ertrag einer PV-Anlage im Jahresverlauf

Neben dem Ertrag, der über das Jahr variiert, nimmt die Leistung der Module auch über die Jahre ab. Das kann beispielsweise durch natürliche Alterungsprozesse oder Mikrorisse in den Modulen geschehen.

Dieser Verlust der Leistung wird als **Degradation** bezeichnet.

In den Anfangsjahren der Modulherstellung war die Degradation ein großes Thema. Die Module haben über die Lebenszeit von 20 Jahren teilweise über 20 % der Nennleistung verloren. Ein 300 W Modul konnte nach 20 Jahren lediglich 240 W Restleistung abrufen.

Dank fortschreitender Entwicklung und besseren Fertigungsprozessen ist dieser Wert im Durchschnitt auf unter einen halben Prozentpunkt pro Jahr geschrumpft. Nach 20 Jahren ist mit mindestens 90 % Restleistung zu rechnen.

Hochwertige Module haben teilweise eine Degradation von unter 0,2 Prozentpunkte pro Jahr. Diese Degradationsfaktoren spielen in der Realität nur eine untergeordnete Rolle. Schwankungen in der jährlichen Globalstrahlung oder die richtige Montage von Solarmodulen haben einen deutlich größeren Einfluss auf den Ertrag.

Wir haben gesehen, wie ein Solarpanel, wie wir es kennen, produziert wird. Der Produktion wird häufig vorgeworfen, dass sie sehr umweltschädlich sei. Bei der Produktion der Module würde sogar mehr CO_2 freigesetzt werden, als die Module in ihrer gesamten Laufzeit sparen könnten. Aber was ist dran an dem Mythos, dass Solarmodule nur ein Umweltzerstörer im grünen Mantel sind?

4.5 Nachhaltigkeit von PV-Anlagen

Umwelttechnisch gibt es immer wieder Bedenken. Die gängigsten Mythen dabei werden wir in diesem Kapitel entkräften. Wichtig dabei zu verstehen ist, dass die PV-Anlage während der Stromproduktion selbst keine CO_2-Emissionenverursacht. Jedoch muss der ganzheitliche Fußabdruck inklusive Produktion und Recycling der Technologie gesehen werden.

Bei der Produktion von Solarmodulen fallen, heruntergerechnet auf die Lebensdauer und auf die erzeugten Kilowattstunden, circa **30–50 g pro kWh** an.

Diese CO_2-Ausstöße kommen durch das Verbrennen von fossilen Energieträgern zustande, die beispielsweise dafür eingesetzt werden, um das Silizium zu schmelzen. Um die Werte von circa 30–50 g pro erzeugte Kilowattstunde ins Verhältnis mit anderen Energieträgern zu setzen, schauen wir uns deren CO_2-Bilanz an.

Kohleenergie verursacht das ca. **30-fache** im Bereich von einem Kilogramm CO_2 pro erzeugter kWh. Gaskraftwerke erzeugen immer noch das **zehnfache** an CO_2-Ausstößen, mit circa einem halben Kilogramm CO_2 pro erzeugter Kilowattstunde.

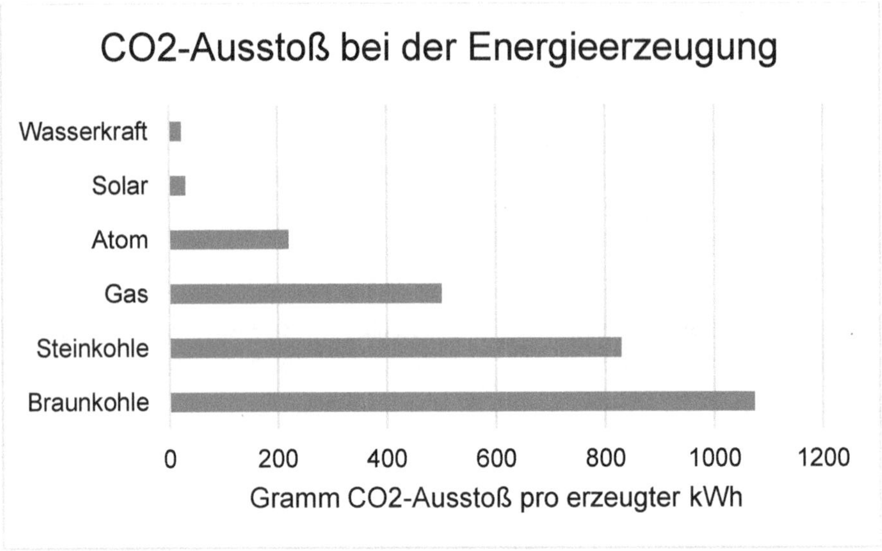

Abbildung 14 Umweltbelastung verschiedener Energieerzeuger

Einzig die Windenergie und Atomenergie kommen auf ähnlich gute Werte wie die PV-Anlagen. Jedoch sind bei der Atomenergie noch keine Aufwände für die Verwahrung und Endlagerung mit einberechnet.

Außerdem müssen wir uns bei diesen Zahlen im Klaren sein, dass die CO_2-Emissionen bei der Produktion stark davon abhängen, welche Energieträger zur Produktion verwendet werden. Wenn man für die Produktion einer PV-Anlage ausschließlich erneuerbare Energien verwenden würde, würde der CO_2-Ausstoß erheblich zurückgehen. Bei anderen Techniken, wie der Kohle oder dem Gas, ist das nicht möglich.

Neben dem CO_2-Ausstoß spielt ebenfalls die gesamt aufgebrachte Energie eine wichtige Rolle. Schließlich ist eine Anlage nur energetisch sinnvoll, wenn man mehr Energie ernten kann, als die PV-Anlage bei der Produktion benötigt.

Eine Kennzahl, die angibt, nach welcher Zeit die Solaranlage mehr Energie erzeugt hat, als sie für die Produktion benötigt hat, ist die sogenannte **energetische Amortisationszeit**.

Eine Photovoltaikanlage erreicht in deutschen Breitengraden und heutigen Technologiestandards bereits nach **2–3 Jahren** ihren Amortisationszeitpunkt in Bezug auf die zur Herstellung eingesetzte Energie. Das bedeutet, dass sie bereits nach 2–3 Jahren mehr Energie erzeugt hat, als bei der Produktion eingesetzt wurde. In Südeuropa verkürzt sich die benötigte Zeit wegen der erhöhten Sonneneinstrahlung und dem dadurch bedingten Mehrertrag auf circa **ein Jahr**.

Der Mythos, dass es eine Photovoltaikanlage in ihrer Lebenszeit von mindestens 20 Jahren nicht schafft, die zur Produktion benötigte Energie „zurückzuzahlen", ist daher vollkommen haltlos.

Als weitere Kennzahl, die das bestätigt, ist der **Erntefaktor**. Der Erntefaktor gibt an, wie viel mehr Energie eine Solaranlage innerhalb der gesamten Lebensdauer im Verhältnis zur aufgewandten Primärenergie für die Produktion der Anlage erzeugt.

Ist der Erntefaktor bspw. 2, hat eine Anlage in ihrem Leben das Doppelte an Energie erzeugt wie die Energie, welche für die Produktion benötigt wurde. Ein Erntefaktor von unter 1 hingegen bedeutet, dass nicht einmal die benötigte Energie erzeugt wurde. Dementsprechend sollte der Erntefaktor möglichst hoch ausfallen. Dünnschichtsolarzellen führen dabei das Feld der Photovoltaikmodule mit einem Erntefaktor von 9 bis 20**an**. Das bedeutet, dass die Module während ihrer Lebenszeit das 20-fache an eingesetzter Energie zurückführen. Polykristalline Solarzellen kommen auf das **6- bis 14-fache** an eingesetzter Primärenergie und monokristalline Solarzellen auf die zehnfache Menge. Die Tendenz ist jedoch vor allem bei den monokristallinen Modulen stark steigend.

Da die Lebenszeit von Solarmodulen auch seit Jahren steigt, erhöht sich der Erntefaktor stetig. Mittlerweile geht man von durchschnittlichen Lebenszeiten von **über 30 Jahren** für die neusten Module aus. Besonders robuste Module versprechen sogar Lebenszeiten von **bis zu 50 Jahren**.

Nachdem wir uns die CO_2- und Energiekosten für die Produktion und die Laufzeit der Module angeschaut haben, werfen wir einen weiteren Blick auf eventuelle Umweltschäden, die Photovoltaikmodule mit sich bringen können. Dabei beginnen wir mit einem Aspekt, der das größte Optimierungspotenzial mit sich bringt. Die Rede ist dabei nicht von seltenen Rohstoffen oder vom Recycling, die Rede ist von den Produktionsstätten in totalitären Systemen.

4.6 Humanitäre Auswirkungen

Neben den Energiebilanzen der einzelnen Systeme müssen im Übergebiet der Nachhaltigkeit auch weitere Faktoren bei der Herstellung und Verwendung miteinbezogen werden. Dazu zählen beispielsweise Umweltauflagen und humane Arbeitsbedingungen in den Produktionsfabriken. Vorzuziehen sind heimische, lokale Betriebe, bei denen alle Auflagen eingehalten werden.

Doch die Politik in Deutschland hat sich im Jahr 2009 indirekt entschieden, den Ausbau und die Förderung von heimischen Photovoltaikherstellern zu verknappen.

Das EEG 2009 hat die Vergütungen für Solaranlagen schneller sinken lassen, als zuvor festgelegt war. Weiterhin sinken die Boni, je mehr Photovoltaikanlagen bereits im Bestand sind. Als Reaktion zogen Großinvestoren ihr Kapital aus dem unsicheren Markt ab, und die Branche brach in den kommenden Jahren vollkommen ein. Die Zahlen des Zubaus bestätigen das.

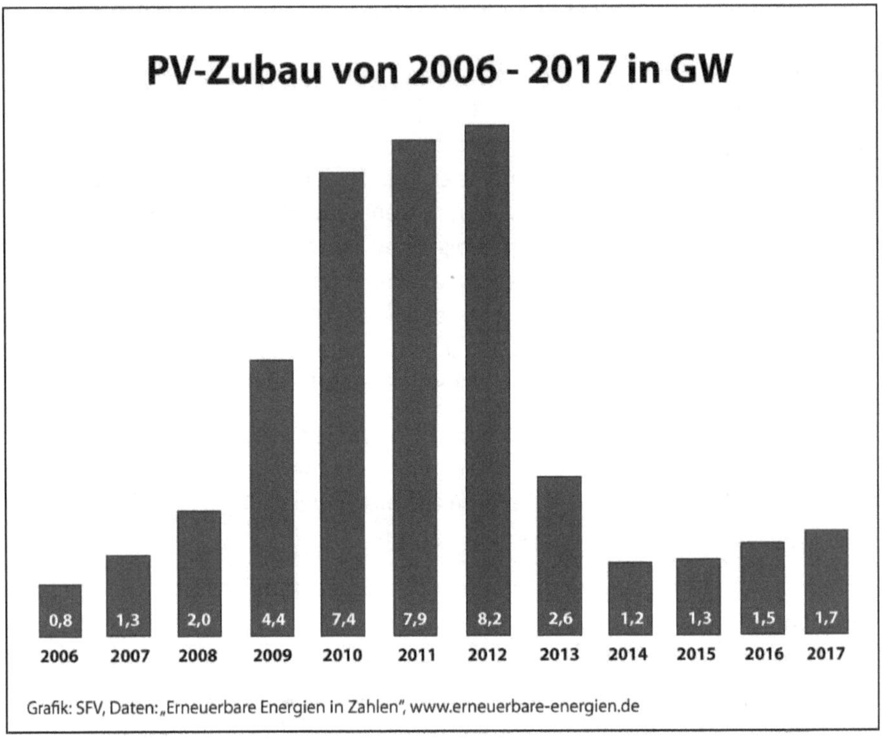

Abbildung 15 Jährlicher Zubau von Photovoltaikanlagen

Das hat nicht nur die Photovoltaikbranche, sondern ebenso die Windenergie und die Biomasseerzeuger getroffen. Durch diese historische Fehlentscheidung sind über 80 000 Arbeitsplätze in der Branche der erneuerbaren Energien verloren gegangen. Zudem trieb die Gesetzesänderung unzählige innovative Unternehmen in Deutschland in die Insolvenz.

Ein Großteil der Unternehmen wurde von asiatischen Firmen aufgekauft, und die Produktion der PV-Module wurde nach Asien ausgelagert. Heutzutage gibt es nur noch wenige PV-Produzenten in Deutschland. Die meisten bekommen die Zellen aus China zugeliefert und fertigen lediglich die Module. Die Weltmarktführer in der Solarbranche sind große chinesische Aktienunternehmen wie Jinko Solar, Trina Solar oder JA Solar.

In der kommunistischen Volksrepublik China sind die Umwelt- sowie Sozialstandards deutlich unter den europäischen Standards.
Die Arbeitsbedingungen in den Fabriken und die Sozialstandards der Arbeiter sind meistens auf einem sehr niedrigen Niveau. Das hat einen negativen Einfluss auf die Umwelt sowie einen deutlichen Einfluss auf die Gesundheit der Arbeiter.
Die Umstände sind selbstverständlich nicht der Photovoltaik-Technologie geschuldet, sondern dem politischen System, weswegen im Rahmen dieses Ratgebers nicht tiefer auf diesen Aspekt eingegangen werden kann.
Dennoch sei erwähnt, dass hier das größte Optimierungspotenzial zu finden ist, welches jedoch vor allem in politischer Hand liegt. Als Konsument hat man keine Alternative zu asiatischen Modulen.

Bevor wir das Recycling der Module genauer betrachten, schauen wir uns an, welche Materialien für ein PV-Modul verwendet werden und ob diese toxisch sind.

4.7 Verwendete Materialien

Bei der Produktion von Photovoltaikmodulen werden diverse toxische und umweltschädliche Stoffe verwendet. Die absolute Menge hält sich dabei in Grenzen, was jedoch nicht bedeutet, dass man es deshalb ignorieren sollte. Beispielsweise werden in Wafer basierten Solarmodulen, sprich monokristallinen und polykristallinen Modulen, Stoffe wie **Blei** verwendet.
Blei ist ein giftiges Schwermetall und in Deutschland – mit nur wenigen Ausnahmen – verboten. Bei den Solarzellen werden 2 g pro 60 Zellen sowie 10 g für die Lötstellen verwendet.

Bei Dünnschicht-Modulen kommen die toxischen Substanzen Cadmium und Cadmiumoxid zum Einsatz. Im verwendeten Glas der PV-Module werden weiterhin Stoffe wie Antimon (Sb) beigegeben, um die Lichttransmission zu verbessern. Auch auf der Rückseitenfolie der PV-Module werden Stoffe wie Fluorpolymere eingesetzt.
Außerdem werden beim Herstellungsprozess selbst giftige Stoffe wie Stickstofftrioxid eingesetzt. Dabei handelt es sich um ein 17 000-mal klimaschädlicheres Gas als Kohlenstoffdioxid.
Die genannten Stoffe sind allesamt toxisch für den Menschen, beispielsweise dann, wenn sie ins Grundwasser gelangen. Außerdem sind sie teilweise stark umweltschädlich.
Wie bereits im vorherigen Kapitel erläutert, findet der größte Teil der Zellfertigung in der kommunistischen Volksrepublik China statt. Dort sind die Umweltauflagen nicht auf mitteleuropäischem Niveau. Dadurch können Schadstoffe leichter in Kontakt mit dem Menschen oder der Umwelt gelangen. Es sei jedoch

auch gesagt, dass viele dieser Stoffe, wie beispielsweise das Blei, bereits durch harmlose Stoffe ersetzt werden können. Teilweise wird das bereits getan. Technisch ist es ohne Probleme möglich, dass Solarmodule fast ausschließlich ohne toxische Stoffe hergestellt werden können.
Grundlage, dass das auch zukünftig umgesetzt wird, müssen internationale Richtlinien und Umweltauflagen sein.

Auch wenn die Lebenszeit der Photovoltaikmodule immer weiter zunimmt, wird jedes Modul eines Tages erneuert werden müssen. Deshalb schauen wir uns als Nächstes das Recycling der Module an.

4.8 Recycling

Das Recycling ist einer der Zukunftsbaustellen jeder Technologie. Deshalb gilt es auch bei den PV-Modulen zu schauen, ob sich das Recycling lohnt, wie hoch momentan die Quote an recycelbaren Modulen ist, und wie die Zukunftsaussichten stehen.

Momentan hält sich die Menge an zu recycelnden Modulen stark in Grenzen. Denn bei einer durchschnittlichen Lebensdauer von 25 Jahren pro Modul werden in wenigen Jahren die ersten Module ausgedient haben. Mit dem 1998 veranlassten 10 000-Dächer Photovoltaikprogramm, dem Erneuerbaren-Energien-Gesetz im Jahr 2000, sowie dem 100 000-Dächer Photovoltaikprogramm begann vor knapp 20 Jahren der Ausbau der Solarenergie in Deutschland. Diese Module gilt es in den kommenden Jahren zu recyceln.

Seit dem Jahr 2012 werden Photovoltaikmodule nicht mehr gesondert behandelt, sondern fallen unter die generelle Elektroschrott-Verordnung. Diese gibt vor, dass 85 % der Module zu mindestens 80 % recycelt werden müssen.
Dafür Sorge zu tragen hat der Verkäufer bzw. Inverkehrbringer der Module. Diese müssen dafür sorgen, dass die Module sachgemäß recycelt werden. Momentan ist die Entsorgung von Photovoltaik-Modulen mit einem erheblichen Aufwand verbunden. Denn ein Modul besteht aus vielen verschiedenen Materialien.

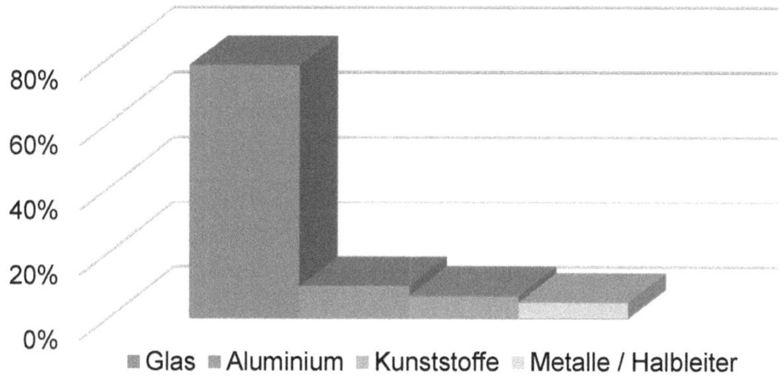

Abbildung 16 Zusammensetzung eines PV-Moduls

Jedoch gibt es bereits innovatives Vorgehen, um die Recyclingquote noch einmal zu erhöhen.

Beispielsweise hat die Firma *Loser Chemie GmbH* ein neues Verfahren entwickelt, um den Recyclinggrad auf über 95 % zu steigern.
Das einzigartige Trocknungssystem wurde dabei für mono- und polykristalline Module entwickelt. Bisher werden die Module komplett, inklusive Glas und Rahmen, geschreddert und anschließend die einzelnen Stoffe voneinander getrennt.
Bei der *Loser Chemie GmbH* werden zunächst das Glas, der Rahmen und die Kunststoffe getrennt und einzeln verwertet.
Die Glasscheiben beispielsweise können nach einer Aufbereitung wiederverwendet werden.
Die verbleibenden Siliziumverbindungen werden anschließend wiederum chemisch recycelt.
Das war nur eines von vielen Beispielen für innovative Recyclingverfahren, welche zukünftig noch deutlich mehr Aufmerksamkeit erfahren werden.
Durch das generelle Recyceln von Modulen spart man bis zu 70 % der Energie im Vergleich zur Neufertigung. So reduziert sich die Amortisationszeit auf circa ein Jahr, teilweise noch weniger.

Damit beenden wir den Überblick über die Photovoltaikmodule. Als Nächstes schauen wir uns die Speicherung der elektrischen Energie durch Speichersysteme an.

5 Von der Lauge zur Batterie

Ein Ziel der Energiewende ist es, die Stromproduktion CO_2-neutral zu gestalten und gleichzeitig die Energiegewinnung zu **dezentralisieren**. Momentan wird die elektrische Energie zum großen Teil durch zentrale Produzenten, wie Kohle- oder Atomgeneratoren, aber auch Solar- und Windparks generiert. Anschließend wird der Strom über die Stromnetze verteilt.

Zukünftig soll stattdessen jeder Haushalt oder jede Gemeinde für sich Strom produzieren und untereinander austauschen – sei es vollkommen autark oder teilweise. Dadurch werden die einzelnen Teilnehmer deutlich unabhängiger vom Stromversorger.

Außerdem werden die Stromnetze entlastet, da der Strom nicht mehr kilometerweit durch die Bundesrepublik transportiert werden muss. Als Folge dessen entstehen weniger Übertragungsverluste. Das Stromnetz wird dadurch insgesamt effizienter.

Ein Punkt, der in Deutschland weniger einer Rolle spielt, ist zudem die Versorgungssicherheit. In Deutschland fällt das Stromnetz im Durchschnitt lediglich **15 Minuten** pro Jahr aus. Die Tendenz ist seit Jahren fallend. In anderen Ländern, in denen beispielsweise keine ausreichende Infrastruktur herrscht, kann eine Photovoltaik in Kombination mit einem Energiespeicher dafür sorgen, das Netz zu stützen und sich unabhängiger von Netzschwankungen oder Ausfällen zu machen.

Als letztes profitiert das Individuum auch finanziell, da es nicht mehr gezwungen ist, steigende Strompreise zu bezahlen, welche zu über 50 % aus Steuern und Abgaben bestehen. Stattdessen können die Stromkosten sehr präzise auf über 20 Jahre lang im Voraus geplant und festgelegt werden.

Wir haben jedoch bereits gesehen, dass die globale Strahlungsleistung vom Sonnenstand und damit auch von der Tages- und Jahreszeit abhängt. Am Abend oder in der Nacht produziert eine Solaranlage keinen Strom. Auch im Winter kann es vorkommen, dass die Solarmodule für mehrere Tage keinen Strom produzieren. Damit eine möglichst hohe Selbstversorgung stattfinden kann, muss die elektrische Energie, welche am Mittag erzeugt wird, zwischengespeichert werden. Und hier kommen Speichersysteme zum Einsatz.

Bevor wir die Herstellung, den Stand der Technik und das Recycling von Speichersystemen genauer betrachten, klären wir auch hier die Begrifflichkeiten genauer.

Der Begriff **Batterie** wird für Energiespeicher verwendet, welche nicht wieder aufgeladen werden können. Die elektrische Energie wird einmalig bereitgestellt. Diese werden als **Primärzellen** bezeichnet. Werden viele Primärzellen zusammengeschaltet, spricht man von einer Batterie.

Beispiel dafür sind AA-Batterien oder Knopfzellen.

Ein **Akkumulator**, kurz **Akku**, ist hingegen die Bezeichnung für eine **Sekundärzelle**. Diese ist wiederaufladbar und kann damit mehrfach verwendet werden. Die Mehrzahl, also wenn mehrere Sekundärzellen zusammengeschaltet werden, wird als **Akku Pack** oder als **Akkus** bezeichnet.

Umgangssprachlich werden die Begriffe häufig gleichgesetzt. Es wird nahezu keine Unterscheidung gemacht. Im Rahmen dieses Buches werden die Begriffe gleichwertig verwendet.

Denn auch bei großen Firmen, Herstellern und Solarteuren sind Bezeichnungen wie Batteriespeicher gängig, obwohl dies technisch nicht korrekt ist.

Wir konzentrieren uns im Rahmen dieses Ratgebers ausschließlich auf wiederaufladbare Energiespeicher, sprich Akkus. Deshalb schauen wir uns einmal genauer an, welche Arten von Akkumulatoren es momentan zu kaufen gibt und wie sich diese voneinander unterscheiden.

5.1 Arten von Akkumulatoren

Ein Akku besteht aus zwei Polen, einem Pluspol und einem Minuspol. Die Energie wird in einem Akku nicht, wie man es vielleicht denken mag, elektrisch gespeichert, sondern in chemische Energie umgewandelt.

Ein Akkumulator wandelt elektrische Energie in chemische Energie um und speichert diese ab. Dadurch ist die Energie deutlich länger speicherbar und kann später wieder abgerufen werden. Zur Speicherung wird ein Elektrolyt verwendet. Dieses besteht aus einem flüssigen oder festen Stoff.

Sehr lange waren Blei-Akkumulatoren weitverbreitet. Diese kennen die meisten von der Stromversorgung des Personenkraftwagens.

Die Standard 12 V Blei-Akkus sind unter der Motorhaube verbaut und versorgen die Elektronik des Autos mit elektrischer Energie. Vereinzelt werden die Akkus noch heute eingesetzt.

Bei Blei-Akkumulatoren bestehen die Pole aus Blei und der Elektrolyt aus einem Schwefelsäure-Wasser-Gemisch. Auf Grund des günstigen Preises und der jahrzehntelangen Erfahrung der Industrie mit dieser Technologie wurden Blei-Akkus großflächig zur Speicherung elektrischer Energie eingesetzt.
So finden sie – wie bereits beschrieben – in Automobilfahrzeugen und Industrieanlagen Anwendung. Beispielsweise verwenden elektrische Gabelstapler seit Jahrzehnten Blei-Akkus zum Speichern der Energie.

Jedoch sind diese Akkus technologisch überholt.

Neben der Verwendung von Blei und Schwefelsäure, die umweltbedenklich sind, verfügen Blei-Akkumulatoren über eine geringe Energiedichte von circa **30 Wh/kg**.

Seit Jahren übernehmen daher Akkus auf **Lithiumbasis** den Markt, sei es in Smartphones, in Elektroautos oder in heimischen Stromspeichern. Lithium-Akkus haben eine höhere Zyklenzahl, das bedeutet, sie können häufiger geladen und entladen werden. Außerdem kann man beinahe 100 % der Akkukapazität nutzen. Bei bleibasierten Akkus liegt dieser Wert bei etwas mehr als 50 %. Der größte Unterschied liegt jedoch im Gewicht. Lithium Akkus haben eine circa **sechsmal höhere Energiedichte.** Das bedeutet: Um die gleiche Menge an elektrischer Energie speichern zu können, sind Blei-Akkus sechsmal so schwer wie Lithium-Akkus.

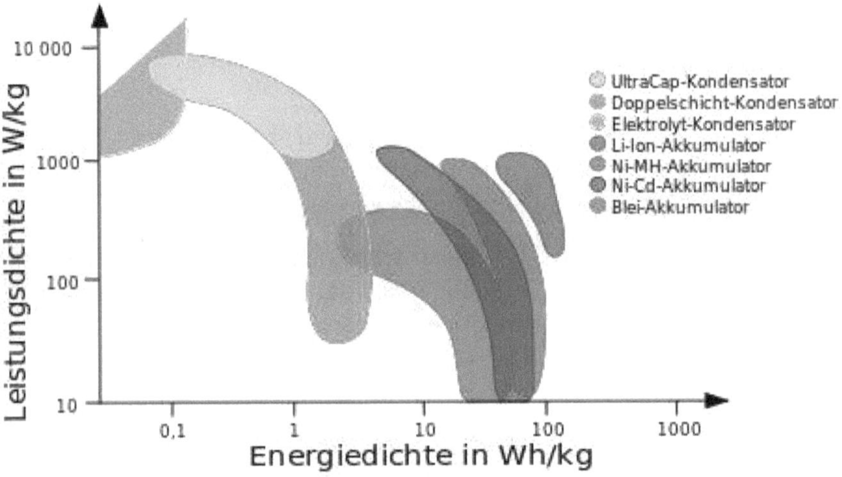

Abbildung 17 Energiedichte verschiedener Speichermedien

Heutzutage werden daher fast überall Lithium-Ionen-Akkumulatoren eingesetzt. Dabei hat die Technik ihre Vor- und Nachteile, welche wir in den folgenden Unterkapiteln genauer erläutern werden.

Davor schauen wir uns den Aufbau einer Lithiumzelle an und welche chemischen Prozesse in der Zelle ablaufen. Das ist wichtig, um zu verstehen, welche Vorteile, aber auch welche Herausforderungen sich ergeben.

5.2 Aufbau einer Lithiumzelle

Lithium-Akkumulator ist der Oberbegriff für viele verschiedene Akkus, welche auf Lithium basieren, beispielsweise Lithium-Ionen-Akkus, Lithium-Eisenphosphat-Akkusoder Lithium-Polymer-Akkus. All diese Akkus sind recht ähnlich aufgebaut. Sie unterscheiden sich lediglich in der chemischen Zusammensetzung leicht. Die Eigenschaften sind jedoch teilweise grundlegend unterschiedlich.

Beispielsweise sind Lithium-Polymer Akkus leichter formbar als Lithium-Ionen-Akkus und werden daher in ultradünnen Geräten wie Smartphones oder Tablets eingesetzt. Auf der anderen Seite haben sie eine kürzere Lebenszeit, was jeder kennen dürfte, der den gleichen Handy-Akku länger als drei Jahre in Benutzung hat.

Im Folgenden werden die chemischen Abläufe näher behandelt. Für das Verständnis der Speichertechnologie ist das nicht essenziell notwendig. Es hilft jedoch beispielsweise dabei, wenn man die Vor- und Nachteile der verschiedenen Speichertypen verstehen möchte, beispielsweise warum Lithium-Eisenphosphat-Akkus weniger gefährlich sind als Lithium-Ionen-Akkus.

Die grundlegenden chemischen Abläufe beim Laden und Entladen sind bei all diesen Varianten sehr ähnlich.

Zur Speicherung von Sonnenstrom werden meistens Lithium-Ionen-Akkus und Lithium-Eisenphosphat-Akkus eingesetzt. Exemplarisch schauen wir uns genauer an, wie Lithium-Ionen-Akkus aufgebaut sind und welche chemischen Reaktionen beim Laden und Entladen auftreten. Lithium-Eisenphosphat-Akkus unterscheiden sich kaum von diesen. Alle Lade- und Entladevorgänge sind analog. Lediglich bei der Sicherheitsbetrachtung und der Energiedichte unterscheiden sich die beiden Technologien.

Eine Lithium-Ionen-Batterie ist aus einer **Kathode** und einer **Anode** aufgebaut. Die Kathode bildet dabei den Pluspol, die Anode den Minuspol. Anode und Kathode werden dabei auch generell als **Elektroden** bezeichnet.

Die Anode, sprich der Minuspol der Batterie, wird dabei mit einem Gemisch aus Grafit und Kohlenstoff versetzt. Die Kathode hingegen wird mit Kobalt oder Nickel-Mangan-Verbindungen beschichtet.

Die Elektroden werden anschließend in ein Bad aus Lithiumsalz getaucht und durch einen Separator getrennt. Das gelöste Lithium bildet dabei den Elektrolyten. Der Separator besteht aus einer halbdurchlässigen Membran.

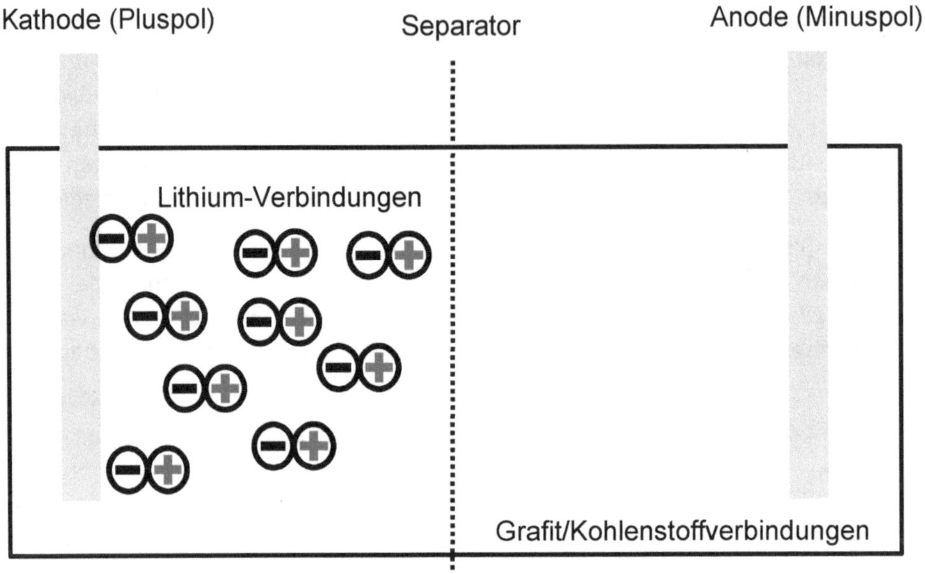

Abbildung 18 Aufbau einer Lithiumzelle

Beim Aufladen der Zelle werden zusätzliche Elektronen, sprich negative Ladungsträger, auf die Anode gebracht. Dadurch wandern die positiven Lithium-Ionen vom Pluspol durch die Membran zum Minuspol und lagern sich an den Grafitebenen an.

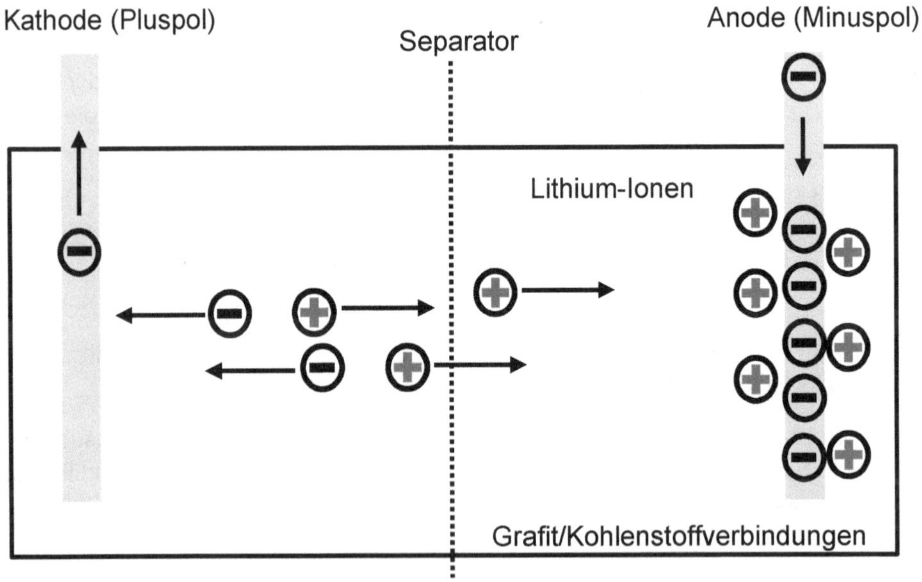

Abbildung 19 Ladevorgang einer Lithiumzelle

Die elektrische Energie wird chemisch in der Lithium-Grafit-Verbindung gespeichert.

Beim Entladen werden die überschüssigen Elektronen der Anode wieder abgezogen. Dadurch wandern die positiven Lithium-Ionen wieder zurück durch die Membran zum Pluspol. Die chemische Energie wird zurück in elektrische Energie gewandelt.

Dieser Vorgang kann mehrfach wiederholt werden. Jedoch verliert die Zelle bei jeder Ladung einen Teil der Kapazität, vergleichbar mit einem Gummiband, welches durch regelmäßiges Auseinanderziehen an Elastizität verliert.

5.3 Stand der Technik

Heutzutage werden Lithium-Ionen-Zellen in Massenproduktion hergestellt. Namhafte Hersteller sind dabei Samsung, Sony, LG, Panasonic, Sanyo und viele mehr.

Die häufigste Zellbauweise ist das 18650-Zellformat. Dabei handelt es sich um eine zylinderförmige Zelle, welche einen Durchmesser von 18 mm und eine Höhe von 65 mm ausweist. Daher auch der Name der Zelle. Die Zahl hinter den Dimensionsgrößen beschreibt die Bauform. Die Null steht dabei für eine **Zylinderbauform** der Zelle.

Abbildung 20 Innenaufbau einer 18650-Lithiumzelle

Die Zellen erhalten neben dem Innenleben, bestehend aus Elektroden, Lithium und Separator, einen schützenden Aluminiummantel sowie eine Kunststoffisolierung. Die meisten dieser Zellen besitzen weiterhin einen integrierten Kurzschlussschutz sowie einen Mechanismus gegen Überdruck, falls der Akku auszugasen beginnt.

Die einzelnen Zellen werden in großen Stückzahlen eingesetzt. Beispielsweise werden in einem Batteriespeicher eines Tesla Model 3 Autos mehrere Tausend dieser kleinen Zellen verbaut. Hersteller wie VW setzen hingegen auf Lithium-Nickel-Mangan-Kobalt-Oxid, kurz NCM, Batterien.

Diese Technologie wird häufig für Hausspeicher kopiert, da die Kosten eines Batteriespeichers vor allem durch Skaleneffekte reduziert werden können. So verbaut Tesla in seiner Heimspeicher „Powerwall" die gleichen Zellen wie in seine Autos, und selbst ausgediente VW-Akkus werden als industrielle Solarspeicher verwendet. Andere Firmen wie BYD setzen auf Lithium-Eisenphosphat-Akkus.

Lithium-Eisenphosphat-Akkus sind deutlich robuster gegen Beschädigungen. Sie sind deutlich schwerer entflammbar als beispielsweise Lithium-Ionen-Akkus und werden dadurch als deutlich sicherer eingestuft. Außerdem kann der Lithium-Eisenphosphat-Akku häufiger geladen und entladen werden. Jedoch liegt die Energiedichte deutlich unter dem von Lithium-Ionen-Zellen.

Eine weitere Kennzahl, die Akkus unterscheidet, ist die **Lade- und Entladerate**. Diese gibt an, wie schnell bzw. mit wie vielLeistung der Akku geladen oder entladen werden kann. Das ist wichtig, wenn man große Verbraucher aus der Batterie speisen will. Das sind beispielsweise ein Induktionsherd, ein Backofen, eine Sauna oder eine Ladestation für Elektroautos. Das Elektroauto lädt an der einfachen Haus-Wallbox mit bis zu **11 kW**. Es bringt nichts, wenn keine Sonne scheint, der Hausspeicher vollgeladen ist, der Akku jedoch lediglich eine maximale Ausgangsleistung von 3 kW aufweist. Das Auto würde im Beispiel den restlichen Strom aus dem Netz ziehen.

Generell kann ein großer Speicher auch mehr Leistung bereitstellen. Abhängig von den Lastenkann daher ein größerer Speicher sinnvoll sein.

Wie bei jeder rohstoffintensiven Technologie werden auch bei Speichersystemen kontroverse Stoffe verwendet – beispielsweise Lithium oder Kobalt. Deshalb schauen wir uns einmal an, wie kritisch diese Stoffe zu betrachten sind, und ob es bessere Alternativen gibt.

5.4 Kontroverse Rohstoffgewinnung

Wir haben gesehen, dass für die Produktion eines Batteriespeichers diverse Stoffe wie Lithium, Kobalt, Nickel oder Mangan eingesetzt werden. Auch Kunststoffe oder Aluminium werden für die Hülle und die Membran der Lithium-Zellen verwendet. Manche dieser Stoffe sind unbedenklich, aber andere sind gesellschaftlich und politisch als kritisch anzusehen.

Lithium beispielsweise steht regelmäßig in der Kritik.

Lithium kommt meistens nicht rein in der Natur vor und muss unter enormem Energiebedarf abgebaut werden. Dazu sind die größten Lithiumvorkommen in Teilen der Welt, in denen die Bevölkerung nicht sehr wohlhabend ist. Vor allem Südamerika und Teile Asiens besitzen die größten Lithiumvorkommen. Speziell das Dreiländerdreieck um Chile, Bolivien und Argentinien besitzt riesige Vorkommen an Lithiumsalzen.

Beispielsweise gab es in Chile bereits Bürgeraufstände, da durch die Förderung des Lithiumsalzes, welches in Laugen im Boden gelöst ist, der Grundwasserspiegel sank. Das Lithiumsalz wird an der Oberfläche getrocknet, das Wasser verdunstet, und der Grundspiegel sank.

Ein Großteil der Lithium-Metalle ist unter Salzwüsten zu finden, die sich über Kilometer ziehen.

Abbildung 21 Salzwüste in Chile

Vor Ort wurden die Arbeitsbedingungen in den letzten Jahren deutlich verbessert. Es werden Schulen gebaut und die Infrastruktur sowie die großflächige Wasserversorgung verbessert. Jedoch sind das eher betäubende Maßnahmen, so dass die Ureinwohner zu keinem wirtschaftlichen Problem der Großkonzerne werden.

Lithium kann langfristig zu 99 % recycelt werden, so dass keine weitere Förderung notwendig ist. Bis dahin muss jedoch noch eine Menge Lithium gefördert werden.

Ein weiteres Element, welches unter bedenklichen Umständen abgebaut wird, ist Kobalt. Kobalt wird beinahe ausschließlich im Kongo abgebaut. Zunächst sei gesagt, dass Kobalt nicht nur in Akkus, sondern in nahezu jedem elektronischen Gerät verbaut wird – egal ob Smartphone, Tablet oder PC.

Im Kongo wird vermehrt Kinderarbeit eingesetzt, um Kobalt, Kupfer und Nickel abzubauen. Es werden schmale Tunnel gegraben, teilweise über 50 m tief, in denen Kinder auf Grund ihrer geringen Größe eingesetzt werden. Die Tunnel sind extrem schmal. Sie sind weder gesichert noch tragen die Kinder Schutzkleidung. Immer wieder kommt es zu Einstürzen, Verletzungen oder zu Todesfällen.

Als Reaktion haben bereits Organisationen wie Amnesty International Vorwürfe ausgesprochen. Im Jahr 2021 wurde in Deutschland zudem das Lieferkettengesetz erlassen. Es soll Konzerne in die Pflicht nehmen, die Lieferketten der Rohstoffbeschaffung zu kontrollieren. Auslöser dieses Gesetzes war unter anderem auch der Abbau von Kobalt.

Es gibt bereits mehrere vielversprechende Ansätze, das benötigte Kobalt in den Batterien zu reduzieren oder sogar vollständig zu ersetzen.

Außerdem liegt der Fokus zukünftig auf dem Prozess des Recyclings, damit keine zusätzlichen Rohstoffe aus dem Boden extrahiert werden müssen. Deshalb schauen wir uns diesen Unterpunkt etwas genauer an.

5.5 Lebensdauer und Recycling

Ähnlich wie bei der Photovoltaikanlage, ist ein Batteriespeicher ökologisch sinnvoll, wenn er während seiner Lebenszeit mehr Energie speichert, als er bei der Produktion benötigt. Bei der PV-Anlage gibt der Erntefaktor das Verhältnis aus erzeugter Energie und benötigter Produktionsenergie wieder.

Bei Batteriespeichern verwendet man als analoge Größe den **ESOI-Wert**, welcher für **Energy Storage On Invested** steht. Der Wert liegt heutzutage, abhängig von der Lebensdauer und der Beanspruchung, **bei 15–20**. Das bedeutet, dass der Akkuspeicher circa 15- bis 20-mal mehr Energie gepuffert hat, als bei der Produktion benötigt wurde.

Obwohl die Produktion von Lithium-Akkus kontrovers betrachtet werden kann und auch sollte, liegt der zukünftige Fokus immer mehr auf der Wiederverwertung der Akkus. Technisch ist es möglich, die Zellen zu 99 % zu recyceln, jedoch ist das noch nicht wirtschaftlich, weil es mit extremem Mehraufwand verbunden ist.

Dennoch werden Lithium-Akkus bereits heute zu circa 90 % recycelt. Dabei ist der Nachschub an defekten Akkus noch sehr begrenzt. Die Lebensdauer ist zu hoch, als dass bereits heute große Mengen an Alt-Akkus anfallen. Dadurch können Skaleneffekte noch nicht ausgespielt werden, und das Recycling ist noch relativ teuer im Vergleich zur Neuproduktion.

Durch das Vorantreiben der Energiewende und dem zukünftig höheren Bedarf an Recycling wird sich auch in diesem Bereich noch viel weiterentwickeln.

Insgesamt ist die Speicherherstellung teilweise noch negativ behaftet. Es liegt in der Verantwortung der westlichen Welt auf die Missstände hinzuweisen und die Betreiber vor Ort dazu zu zwingen, dass Menschenrechte eingehalten werden und Kinderarbeit strengstens verfolgt wird.

In den letzten Jahren ist das bereits vermehrt geschehen, und immer mehr Hersteller von Akkus schauen sehr genau auf den Ursprung der Rohstoffe - sei es aus moralischen Aspekten oder lediglich, um das Image des Unternehmers nicht zu gefährden. In jedem Fall ist bereits heute eine deutliche Besserung zu verzeichnen. Im Zuge der Energiewende werden Speichersysteme und die damit verbundene Rohstoffgewinnung zu einem größeren Industriebereich, als es bereits heute der Fall ist.

Mit den Photovoltaikmodulen und den Speichersystemen haben wir die technische Erzeugung und Speicherung von Energie kennengelernt. Für eine vollständige Photovoltaikanlage wird jedoch noch jede Menge zusätzliche Elektronik benötigt.

6 Weitere Komponenten

Solarzellen und Batteriespeicher benötigen für einen einwandfreien Betrieb noch zusätzliche Komponenten, beispielsweise Anpassschaltungen, Ladevorrichtungen oder Sicherheitseinrichtungen. Deshalb schauen wir uns an, welche zusätzlichen Komponenten für die verschiedenen Einsatzbereiche benötigt werden.

6.1 Laderegler

Ein **Laderegler** ist, wie es der Name schon sagt, dafür zuständig, dass die elektrische Energie der Photovoltaikanlage in die Batterie eingespeist werden kann. Er regelt den Ladestrom und die Ladespannung des Speichers, damit der Akku sicher betrieben werden kann.

Es ist technisch nicht möglich, eine Photovoltaikanlage direkt an eine Batterie anzuschließen. Zum einen aus Sicherheitsbedenken, da die Spannungen und Ströme zu jedem Zeitpunkt überwacht werden müssen. Ansonsten würde man die Batterie überladen.

Abbildung 22 SmartSolar MPPT Laderegler

Zum anderen unterscheidet sich die Spannung der Photovoltaikmodule von der Spannung, welche zum Laden einer Batterie benötigt wird. Ein Laderegler wird nicht nur in Verbindung mit einer Photovoltaikanlage verwendet. Bei jedem Ladevorgang von Akkus wird eine geregelte Spannungs- oder Stromquelle verwendet, um Überladungen oder Schäden am Akku zu verhindern.

Beispielsweise weist eine Standard-KFZ-Batterie eine Spannung von 12 V auf. Zum Laden benötigt die Batterie eine externe Spannung, welche etwas über den 12 V liegt, beispielsweise 13 V. Ein Solarmodul hat hingegen eine Spannung, die sich je nach Panel zwischen 5 V und bis zu 60 V bewegt.

Deshalb benötigen wir einen Laderegler, welcher die variable Spannung der PV-Anlage auf eine konstante Ladespannung regelt. Weiterhin erkennt der Regler, wenn die Batterie vollgeladen ist und schaltet die Ladung ab.

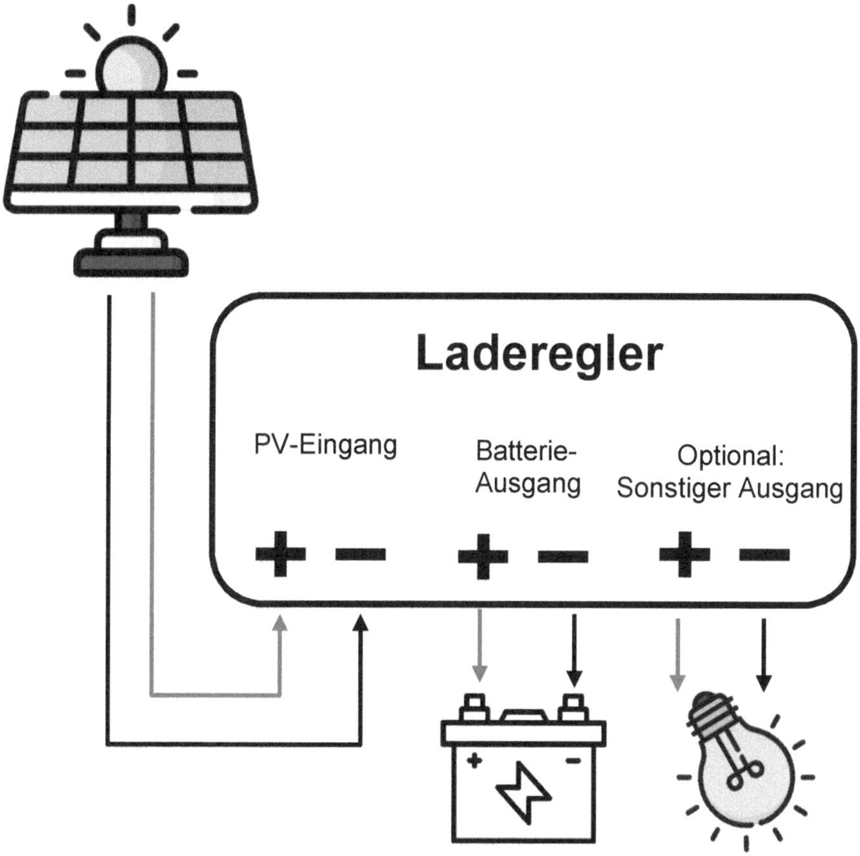

Abbildung 23 Schaltplan einer Photovoltaikanlage mit Laderegler und Batterie

Es gibt Ausnahmen, bei denen **kein externer** Laderegler benötigt wird. Beispielsweise ein 5 V-Solarpanel, das einen direkten USB-Ausgang besitzt. Diese haben bereits einen **Miniatur-Laderegler** auf der Rückseite des Panels integriert.

Bei der Auswahl der Laderegler ist es wichtig darauf zu achten, dass er zum gewählten Akku passt, genügend Leistung liefern kann, und den aktuellen Sicherheitsstandards entspricht.

! Günstige Exemplare, die nicht durch seriöse Händler vertrieben werden, erfüllen meistens nicht die Sicherheitsansprüche.

Die Auslegung eines Ladereglers werden wir uns später noch genauer anschauen, wenn wir konkrete Beispiele behandeln.

Wenn wir keinen Batteriespeicher verwenden wollen, beispielsweise bei einem Photovoltaik-Park oder einer Volleinspeisung ins öffentliche Netz, benötigen wir entsprechend auch keinen Laderegler.

Wenn wir hingegen ein netzunabhängiges Gleichstromsystem aufbauen möchten, beispielsweise in einer Hobby-Garage, wo ausschließlich Gleichspannungsgeräte verwendet werden, benötigen wir bis auf die Schutzeinrichtungen keine weiteren Komponenten.

Das ist jedoch häufig nicht der Fall, denn unser Stromnetz und beinahe jeder handelsübliche Verbraucher benötigt Wechselstrom, um betrieben zu werden.

Deshalb benötigen wir für die Verwendung einer Photovoltaikanlage in der Regel einen sogenannten **Wechselrichter**.

6.2 Drehstromnetz und Wechselrichter

Ein Photovoltaikmodul erzeugt eine **konstante Spannung** von beispielsweise 40 V.

Die 40 V werden dabei als **Gleichspannung** bezeichnet, was bedeutet, dass ein Pol der PV-Anlage den Minuspol bildet und der andere den Pluspol. Das ist zu jedem Zeitpunkt gleich.

Unser Stromnetz ist jedoch als **Wechselstromnetz** aufgebaut. Das bedeutet, dass die Spannung nicht gleichbleibt, sondern sinusförmig zwischen Minus und Plus hin- und herwechselt.

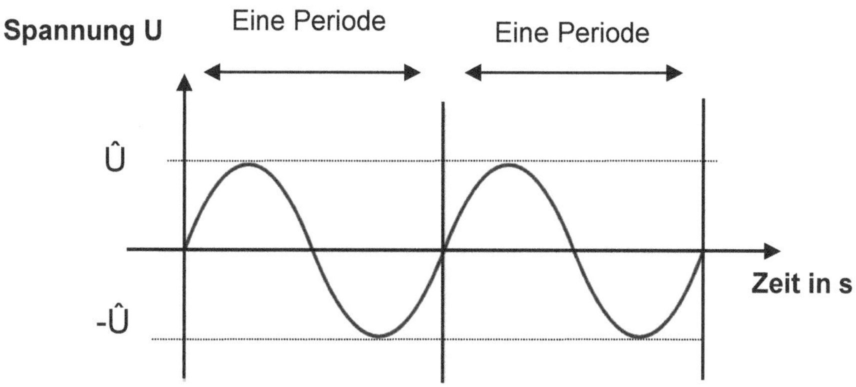

Abbildung 24 Wechselspannungsverlauf

Die Spannung legt dabei 100 Wechsel bzw. 50 volle Perioden in einer Sekunde zurück. Das mitteleuropäische Stromnetz hat eine Frequenz von **50 Hz**. Die Spannung wechselt dabei zwischen 325 V und -325 V. Der sogenannte **Effektivwert** der Wechselspannung liegt dabei bei **230 V.**

Den Ursprung hat das Drehstromnetz in der Erzeugung des Stroms und der leichteren Übertragbarkeit von Wechselstrom, im Vergleich zu Gleichstrom.

Im Hausanschluss erhalten wir jedoch nicht nur ein stromführendes Kabel, sondern insgesamt **drei**.

Im Stromnetz werden drei Schwingungen, sogenannte **Phasen**, verwendet. Die Phasen werden als **L1, L2**, und **L3** bezeichnet und sind zeitlich gleichmäßig verschoben. Die erste Phase L1 hat keine Phasenverschiebung, L2 besitzt eine Phasenverschiebung von einem Drittel einer Periodendauer, und die Phase L3 eine Phasenverschiebung von Zweidrittel einer Periodendauer.

Dadurch sind alle drei Phasen gleichmäßig gegeneinander verschoben. Diese haben als Bezugspunkt einen gemeinsamen **Nullpunkt N** (Neutralleiter).

Jede Phase besitzt eine Spannung **U1, U2** und **U3**. Die Phasen haben im Hausanschluss, gegenüber dem Nullleiter einen Effektivwert von den bereits bekannten 230 V.

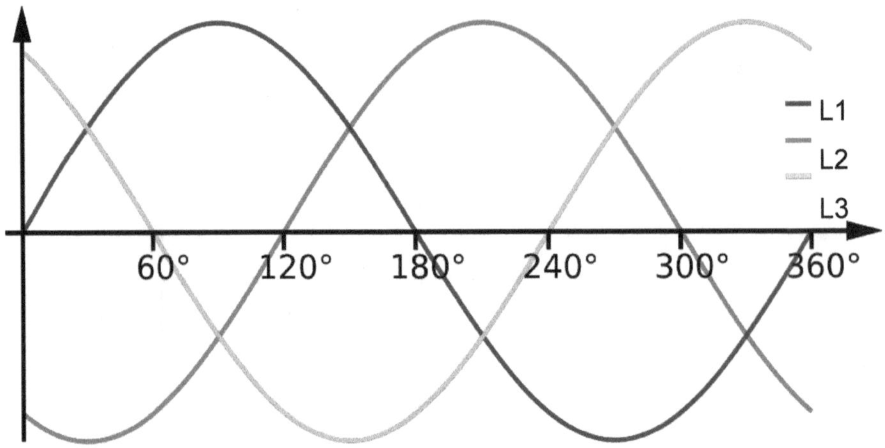

Abbildung 25 Dreiphasiger Wechselstrom

Neben den drei Phasen und dem Nullleiter wird oftmals ein **Schutzleiter PE** verwendet. Dieser ist direkt mit dem Erdpotenzial verbunden und dient als Berührungsschutz.

Der dreiphasige Wechselstrom wird auch als **Drehstrom** oder teilweise als **Starkstrom** bezeichnet.

Wenn in der Hauselektronik ein Kabel verlegt wird, kann man anhand der Farbe des Kabelmantels erkennen, welche Funktion das Kabel hat.

Die Farbe der Ummantelung ist bei den Phasen sowie dem Null- und Erdleiter genormt. Dadurch kann ein Elektriker anhand der Farbe des Kabels erkennen, welche Funktion das Kabel hat und ob potenzielle Spannung vorhanden ist. Die Normung ist dabei wie folgt.

Bezeichnung	**Funktion**	**Farbe**
L1	Phase 1	Braun
L2	Phase 2	Schwarz
L3	Phase 3	Grau
N	Neutralleiter	Blau
PE	Schutz/Erdleiter	Grün-Gelb

DIN VDE 0293-308 (VDE 0293 Teil 308):2003-01 und HD 308 S2

Diese Normierung gilt sowohl in Deutschland als auch in der gesamten Europäischen Union.

Ein fünfadriges Drehstromkabel, wie es beispielsweise in der Hauselektronik vorhanden ist, enthält demnach genau fünf Adern.

Abbildung 26 Starkstromstecker mit fünf Anschlüssen

Die drei Phasen werden vom Stromversorger bereitgestellt und anschließend im Hausverteilerkasten angeschlossen. Von dort an werden diese aufgetrennt und jede Phase einzeln zu den benötigten Räumen geführt.

Deshalb hat die gewöhnliche Schuko-Steckdose auch lediglich zwei bzw. vier Anschlüsse. Zwei Pins, die eine Phase (L) und einen Neutralleiter (N) führen, sowie zwei Schutzkontakte (PE) am oberen und unteren Ende des Steckers.

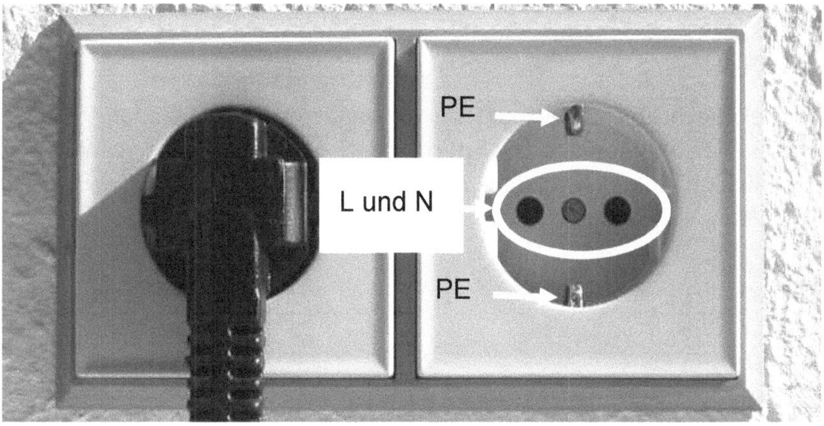

Abbildung 27 Pin-Belegung einer Schuko-Steckdose

Geräte, die viel Leistung benötigen, beispielsweise ein Induktionsherd oder ein Backofen, verwenden oftmals auch alle drei Phasen gleichzeitig.

Nachdem wir verstanden haben, dass das Stromnetz eine Wechselspannung aufweist, können wir die Notwendigkeit des **Wechselrichters** begreifen.

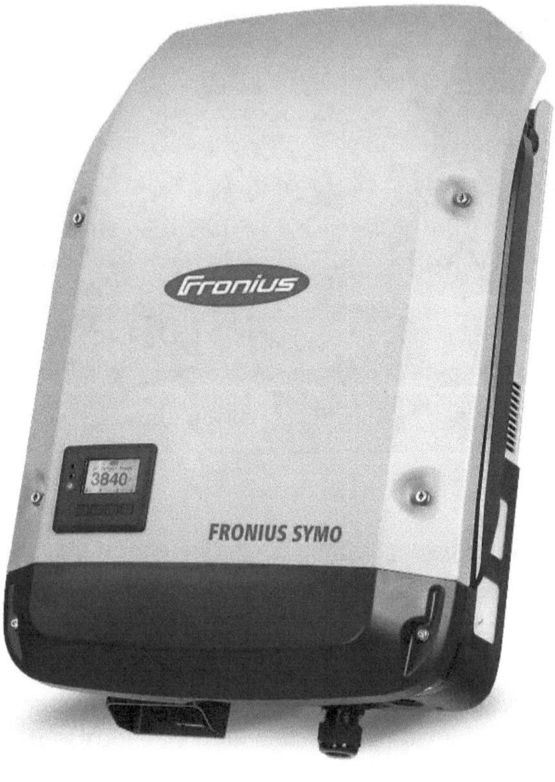

Abbildung 28 Fronius SYMO Wechselrichter

Der Wechselrichter erzeugt aus der variablen Gleichspannung, welche von den PV-Modulen oder der Batterie geliefert wird, eine Wechselspannung mit einem Effektivwert von einphasig 230 V bzw. dreiphasig 400 V.

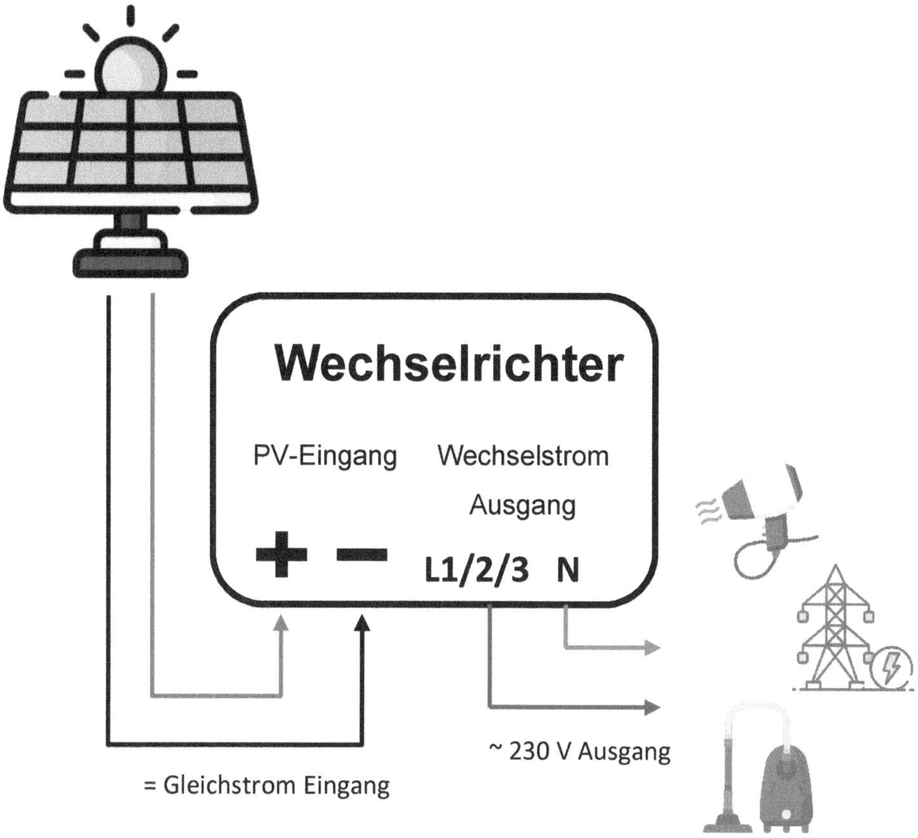

Abbildung 29 Schaltplan einer Photovoltaikanlage mit Wechselrichter

Ob ein Wechselrichter lediglich ein- oder dreiphasigen Wechselstrom erzeugt, hängt von der benötigten Leistung ab. Bis zu einer Leistung von circa 4 kW wird meistens nur eine Phase benötigt. Das ist beispielsweise in handgroßen Wechselrichtern für das Wohnmobil oder kleinen Solaranlagen der Fall. Für größere Anlagen ist der aktuelle Stand, dass ein dreiphasiger Wechselrichter verwendet wird, der die Leistung auf drei Phasen aufteilt. In der Haustechnik sind dreiphasige Wechselrichter Stand der Technik

Eine Besonderheit, die es noch zu nennen gibt, ist, dass es Wechselrichter gibt, welche das externe Stromnetz benötigen, um sich auf dieses zu synchronisieren. Ohne externes Stromnetz funktionieren diese Wechselrichter nicht.

Diese werden als **netzgekoppelte** Wechselrichter bezeichnet. Wechselrichter, die nach einem Stromausfall für wenige Stunden oder Tage ein eigenes Wechselstromnetz erzeugen können, werden als **notstromfähig** bezeichnet. Sie werden in Verbindung mit einem Akku verwendet und können kurzzeitig ein eigenes Stromnetz aufspannen. Es ist eine Lösung für einen Ausfall des Stromnetzes.

Wenn man sich jedoch vollständig vom öffentlichen Stromnetz trennen möchte, spricht man im elektrotechnischen Sinn von einem **Inselsystem.**

Wechselrichter, die für den **Inselbetrieb** ausgelegt sind, kommen ohne Netzanschluss aus. Wenn man sich vollkommen vom Netz lösen möchte, muss darauf geachtet werden, ob der Wechselrichter inselfähig ist. Bei Wechselrichtern, die extra dafür konzipiert sind, beispielsweise Mikrowechselrichter für das Wohnmobil, ist das oftmals der Fall.

Außerdem erzeugen einige Wechselrichter keine reine Sinuswelle, sondern modulieren diese durch verschiedene Verfahren nach.

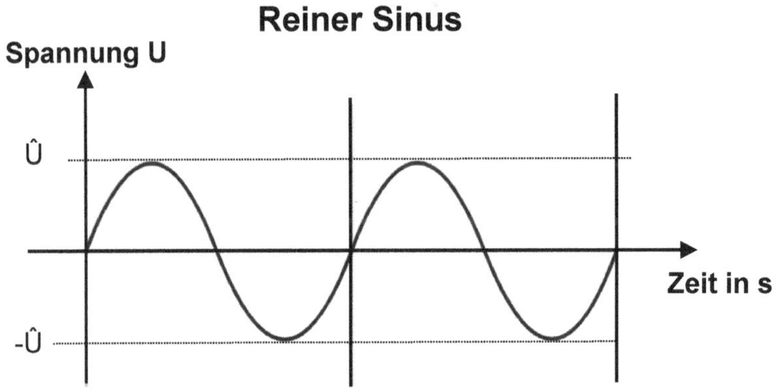

Abbildung 30 Spannungsverlauf einer reinen Sinusschwingung

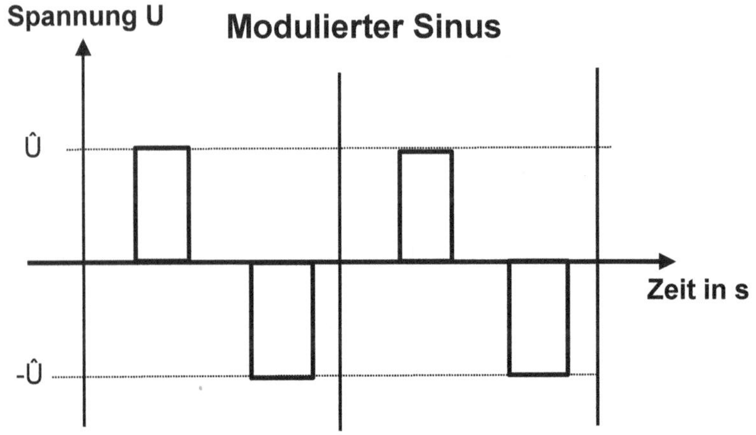

Abbildung 31 Spannungsverlauf einer modulierten Sinusschwingung

Für ohmsche Lasten, wie eine Heizklebepistole oder eine Wechselstrom-Heizmatte, macht das häufig keinen Unterschied.

Viele sensible Geräte wie Netzteile, Computer oder Lautsprecher benötigen jedoch für den einwandfreien Betrieb eine Sinusspannung, wie sie auch das Stromnetz bereitstellt. Sie werden höchstwahrscheinlich auch mit einem modulierten Sinussignal funktionieren, jedoch sind Langzeitschäden nicht auszuschließen.

Bei Wechselrichtern für Wohngebäude werden ausschließlich reine Sinuswechselrichter verbaut.

Eine weitere Kennzahl, welche man bei der Wahl des Wechselrichters berücksichtigen sollte, ist die Anzahl der **MMP-Tracker**.

MPP steht für **Maximum Power Point**, also für den **Punkt der maximalen Leistung**.

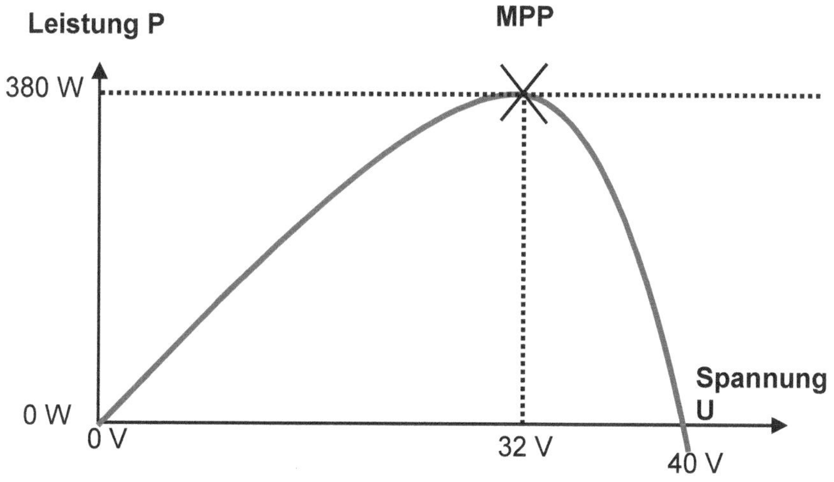

Abbildung 32 Leistung eines PV-Moduls in Abhängigkeit von der Spannung

Um zu verstehen, was damit gemeint ist, schauen wir uns den Leistungsverlauf eines Solarmoduls in Abhängigkeit der Spannung des Moduls an. Als Beispiel verwenden wir ein Modul, welches eine Leerlaufspannung von 40 V und eine maximale Leistung von 380 W verwendet.

Sobald wir Leistung vom Modul abrufen, wird die Spannung etwas reduziert. Je nachdem, welche Spannung wir verwenden, erhalten wir eine andere Leistung vom Modul. Beispielsweise liefert es bei 20 V lediglich 200 W.

Der Punkt, an dem das Panel die maximale Leistung abgibt, wird als Maximum Power Point definiert. Dieser Punkt ist jedoch nicht konstant, sondern hängt von der aktuellen Sonneneinstrahlung ab.

So kann es sein, dass bei bewölktem Himmel der MPP bei 28 V und 200 W liegt, bei vollem Sonnenschein sind eine Spannung von 32 V und eine Leistung von 300 W das Optimum.

Ein Wechselrichter mit MPPT, also einem Maximum Power Point Tracker, sucht diesen Punkt, indem er – vereinfacht ausgedrückt – alle Punkte einmal durchprobiert und sich für den besten entscheidet. Dieser Durchlauf dauert nur den Bruchteil einer Sekunde. Durch dieses Verfahren kann die optimale Leistung des Moduls genauer gesagt mehrerer verknüpfter Module verwendet werden.

Im Vergleich zu einem Wechselrichter ohne MPPT verbessert sich der Wirkungsgrad um mehrere Prozentpunkte. Heutzutage haben Wechselrichter mit MPPT einen Wirkungsgrad im MPP von bis zu 99 %.

Aber warum benötigen wir mehr als einen MPPT pro Wechselrichter?

Theoretisch können alle Module an einen MPPT angeschlossen werden. Jedoch haben wir gesehen, dass der MPP von der Sonneneinstrahlung abhängig ist. Bei einem Wohnhaus, bei dem die Module in zwei verschiedene Himmelsrichtungen ausgerichtet sind, sind die Sonneneinstrahlung und damit die MPPs unterschiedlich. Deshalb empfiehlt es sich, einen MPPT pro unterschiedliche Sonneneinstrahlung zu verwenden.

Ein anderes Beispiel wäre die Teilverschattung von Modulen. Wenn ein Baum oder ein Nachbarhaus die Nachmittagssonne teilweise verschattet, so dass beispielsweise nur die Hälfte des Dachs direkte Sonneneinstrahlung erfährt, reduzieren die verschatteten Module die Leistung der gesamten Anlage. Auch hier kann es sich anbieten, die Module in zwei Bereiche zu unterteilen und an verschiedene MPPTs anzuschließen.

Wenn man lediglich die Südseite des Daches mit Solarmodulen ausstattet, ist auch ein einzelner MPP-Kanal ausreichend. Bei Wohnmobilen ist dieser Effekt meistens zu vernachlässigen, da nur wenige Module verwendet werden.

Neben mehreren MPPTs bieten viele moderne Wechselrichter weitere Zusatzfunktionen, wie die Überwachung der Anlage über eine App oder Cloud mit integrierter Ertragsauswertung. Auch sind Wechselrichter heutzutage keine eigenständigen Wandler, sondern können über diverse Schnittstellen mit anderen Geräten kommunizieren.

Beispielsweise kann der Wechselrichter erkennen, wenn zu viel Sonne vorhanden ist und mit dem überschüssigen Strom das Elektroauto laden oder die Wärmepumpe einschalten. Diese und viele weitere smarte Anwendungen werden wir uns noch in den späteren Kapiteln genauer anschauen.

Wir sehen anhand der Beispiele, wie wichtig ein hochqualitativer Wechselrichter ist. Namhafte Hersteller bieten heutzutage eine 5–10 Jahre Garantie auf einen Wechselrichter. Die erwartete Lebensdauer eines Wechselrichters liegt bei circa

15 Jahren. Daher sollte man hier nicht das günstigste Modell kaufen, welches nach der Garantiezeit den Geist aufgibt. Wie bei der gesamten Auslegung einer PV-Anlage ist es eine Anschaffung, welche mindestens für die nächsten 20 Jahre kalkuliert werden muss.

Mittlerweile werden immer mehr Batteriespeicher verbaut. Deshalb sind Wechselrichter mit integriertem Laderegler im Vormarsch. Man spricht dabei von sogenannten **Hybridwechselrichtern**.

6.3 Hybridwechselrichter

Ein Hybridwechselrichter wird seit einigen Jahren primär bei Neubauten verwendet. Der Hintergrund ist der, dass es bisher kaum wirtschaftlich gewesen ist, einen Batteriespeicher zu verwenden, da die Preise für Speichersysteme noch zu hoch waren. Deshalb war eine direkte Einspeisung ins Stromnetz und die damit verbundene Vergütung häufig wirtschaftlich lukrativer als das Verwenden eines Speichers. Das hat sich durch die immer kleiner werdende Vergütung für den eingespeisten Strom sowie die Kostenreduktion der Speicher teilweise geändert. Mittlerweile ist es in einigen Fällen sinnvoll, einen Speicher in das Photovoltaiksystem zu integrieren, um den Eigenverbrauchsanteil zu erhöhen. In diesem Zuge wurden immer bessere und effizientere Laderegler entwickelt.

Da für Wohngebäude zusätzlich fast ausnahmslos ein Wechselrichter benötigt wird, hat man sich überlegt, dass es technisch sinnvoll ist, ein Gerät für beide Zwecke zu verwenden.

Ein **Hybridwechselrichter** übernimmt sowohl die Aufgabe des kontrollierten Ladens des Akkus als auch die Umwandlung der Gleichspannung am Akku in eine Wechselspannung.

Ein Hybridwechselrichter hat jedoch auch Nachteile. Dadurch, dass beide Geräte in einem verbunden sind, muss bei einem Defekt der gesamte Hybridwechselrichter ausgetauscht werden. Außerdem sind die Hybridwechselrichter für die verfügbare Leistung deutlich teurer als ein vergleichbarer Wechselrichter.

Häufig benötigt man beim Wechselrichter und Laderegler zwei unterschiedliche Leistungsklassen. Beispielsweise soll der Wechselrichter mit maximal 10 kW einspeisen können, der Speicher kann jedoch maximal mit 5 kW geladen werden, weshalb der Laderegler ebenfalls für lediglich 5 kW ausgelegt werden muss. Ein 10 kW Hybridwechselrichter wäre in diesem Beispiel für die Batterie unnötig überdimensioniert.

Dennoch haben Hybridwechselrichter den Vorteil, dass man lediglich ein Gerät verwendet. Dadurch hat man keine Kompatibilitätsprobleme, Platzersparnis und vieles mehr. Wenn man heutzutage eine Photovoltaikanlage mit einem Speicher installiert, wird fast ausschließlich ein Hybridwechselrichter verwendet.

Als Nächstes schauen wir uns an, welche Auswirkungen Verschattung von einzelnen Modulen mit sich bringt und was wir dagegen unternehmen können.

6.4 Moduloptimierer und Mikrowechselrichter

Eines der größten Probleme bei Photovoltaikmodulen ist die Verschattung einzelner Module. Wenn ein Photovoltaikmodul verschattet ist, kann es die Leistung aller anderen Module auf dem Dach beeinflussen.

Was die technischen Hintergründe sind, werden wir verstehen, wenn wir uns die Verschaltung einzelner Module anschauen. Momentan reicht es die Problemstellung zu verstehen, dass ein einzelnes verschattetes Modul die Performance der gesamten Anlage beeinflussen kann.

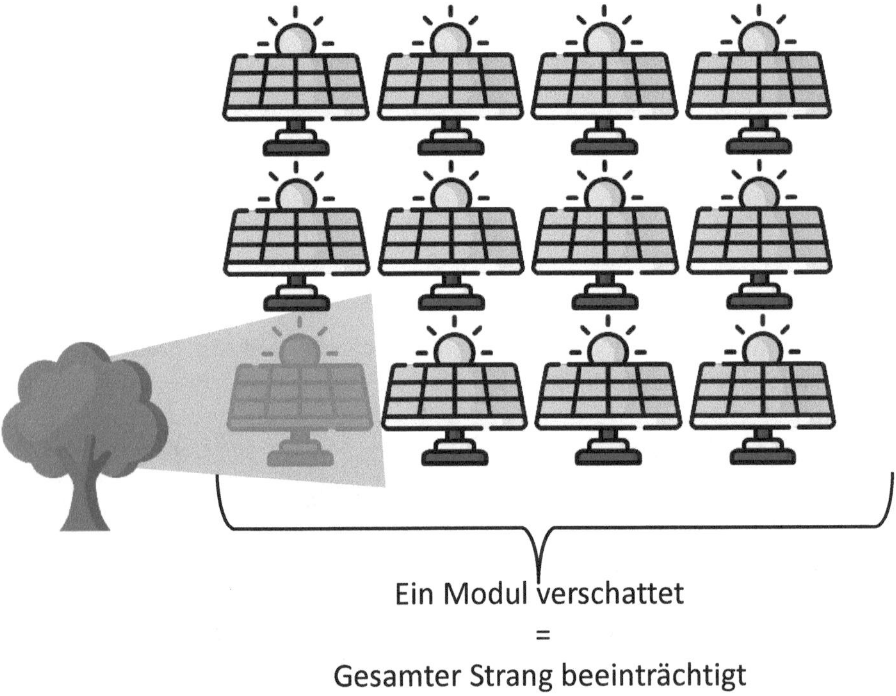

Abbildung 33 Auswirkungen einer Teilverschattung

Anders ausgedrückt, passen sich alle Module immer dem leistungsschwächsten Modul der zusammengeschalteten Module an.

Um diesem Problem entgegenzuwirken, hat heutzutage jedes Modul sogenannte **Bypass-Dioden**. Sobald ein Modul zum Teil oder vollständig verschattet ist, werden die Dioden leitfähig und **überbrücken das Modul**. Dadurch sind die restlichen Module nicht mehr beeinträchtigt. Der Nachteil dabei ist, dass das Modul vollkommen aus dem Stromkreis herausgenommen wird, es könnte jedoch immer noch Energie erzeugen. Nicht so viel wie die benachbarten Module, aber immerhin noch einen signifikanten Teil.

Als alternative Lösung werden oftmals Module ausgelassen, bei denen es abzusehen ist, dass sie beispielsweise von einem Schornstein, einem Baum oder einem benachbarten Haus beschattet werden.

Wenn das Modul zum größten Teil des Tags und Jahreszeit verschattet wäre, ist es sinnvoll, das Dach an dieser Stelle nicht zu bestücken. Wenn dies jedoch nur für wenige Stunden am Tag oder wenige Tage oder Monate im Jahr der Fall ist, gibt es alternative Lösungsansätze, sogenannte **Moduloptimierer**.

Ein Moduloptimierer ist ein kleines Bauteil, welches meistens auf der Rückseite eines einzelnen Solarmoduls installiert wird. Es ermittelt den optimalen Leistungspunkt (MPP) des einzelnen Moduls. Dadurch kann jedes Modul zu jeder Zeit die maximale Leistung bringen.

Moduloptimierer werden eingesetzt, wenn einzelne Module regelmäßig verschattet werden. Durch Moduloptimierer kann der Stromertrag um bis zu 25 % erhöht werden.

Außerdem können moderne Moduloptimierer die Leistung des Moduls anzeigen. So kann man Ausfälle oder Störungen an einzelnen Modulen ausfindig machen. Ohne einen solchen Optimierer wäre nur die Überwachung aller Module im Verbund möglich. Der Nachteil ist der zusätzliche Preis, der im Bereich von 50 € pro Moduloptimierer liegt.

Abbildung 34 Moduloptimierer von SolarEdge

Der Nachteil solcher Optimierer ist, dass wenn man ihn an einem Solarpanel verwendet, muss man bei jedem Panel im Strang einen Moduloptimierer verwenden, also auch an bei denen, die eigentlich keinen benötigen würden.

Deshalb rentieren sich Moduloptimierer nur, wenn man viele verschiedene Dachwinkel hat, beispielsweise ein Walmdach oder bei Dachgauben.

Relativ ähnlich zu den Moduloptimierern arbeiten sogenannte Mikro-Wechselrichter. Diese werden an ein einzelnes Modul angeschlossen und wandeln den Strom direkt auf dem Dach in Wechselstrom um.

Mikrowechselrichter werden noch deutlich seltener eingesetzt als Moduloptimierer. Preislich liegen Mikrowechselrichter meist in einem ähnlichen Bereich wie Moduloptimierer, tendenziell etwas darüber.

Moduloptimierer und Mikro-Wechselrichter rentieren sich daher nur, wenn man sehr technikaffin ist und an der Überwachung und der Auslesung der einzelnen Module interessiert ist, oder wenn man mehrere Module mit verschiedenen Ausrichtungen und Verschattungen oder potenziellen Verschmutzungen in einen String schalten muss.

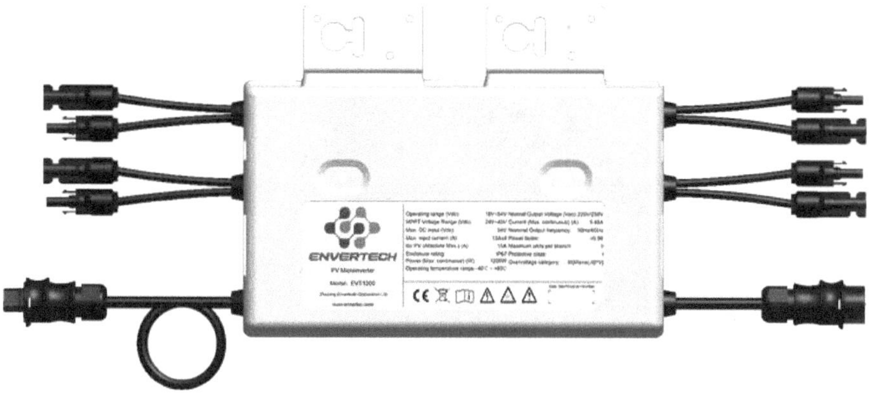

Abbildung 35 Envertech Mikrowechselrichter EVT 1200

Bei einem einseitigen, unverschatteten Süd-, West- oder Ost-Dach rentieren sich Moduloptimierer wirtschaftlich nur in den seltensten Fällen. Dazu kommt, dass die meisten Bauteile zwar eine Garantie von bis zu 25 Jahren bieten, jedoch kann es wie bei jedem zusätzlichen elektrischen Bauteil zu Ausfällen kommen.

In solch einem Fall muss ein Elektriker auf dem Dach ein oder mehrere Paneele demontieren und das fehlerhafte Gerät austauschen. Ein erheblicher Mehraufwand.

Es kommt demnach immer auf die Gegebenheiten an, ob es sinnvoller ist, ein paar Paneele weniger auf das Dach zu bauen oder Optimierer zu verwenden. Auch darf die wirtschaftliche Betrachtung nicht außer Acht gelassen werden.

Zu guter Letzt schauen wir uns an, wie wir die Photovoltaikanlage sicher betreiben können bzw. welche Schutzeinrichtungen notwendig sind.

6.5 Schutzeinrichtungen

Wie bei jedem Zusammenschluss von elektrischen Bauteilenmüssen auch bei Photovoltaikanlagen Sicherheitsstandards eingehalten werden. Diese unterscheiden sich je nachdem, ob die Anlage auf dem Dach montiert ist und ans Netz angeschlossen wird oder nicht.

Als Erstes betrachten wir den Einfluss einer PV-Anlage auf die Gefahr eines Blitzeinschlages.

Wenn man Photovoltaikmodule flach auf dem Dach eines Ein- oder Mehrfamilienhauses installiert, wird die Gefahr eines Blitzeinschlages nicht signifikant erhöht. Das ist technischer Konsens, weswegen das zusätzliche Installieren eines Blitzschutzes nicht zwingend notwendig ist.

Abbildung 36 Äußerer Blitzschutz

Die Ausnahme ergibt sich beispielsweise bei landwirtschaftlich genutzten Dächern wie Tierställen und wenn die Photovoltaikanlage einen bestehenden Blitzschutz beeinträchtigt. Damit sind die äußeren Blitzschutze, wie ein blitzableitender Draht auf einer Scheune von Masttieren gemeint. Auch Schulen und öffentliche Gebäude bilden häufig eine Ausnahme und benötigen zwingend einen Blitzableiter. Außerdem kann die Versicherung einer PV-Anlage einen Blitzschutz fordern. Deshalb sollte man sich bereits vor der Installation mit einer Versicherung auseinandersetzen.

Was hingegen verpflichtend ist, ist ein **Überspannungsschutz**. Dieser muss das Netz bei einer Überspannung vom Verursacher trennen. Ein Überspannungsschutz wird standardmäßig bei der Installation der Elektronik mitverbaut. Ein Überspannungsschutz auf der Gleichstromseite ist obligatorisch. Dieser ist in neueren Wechselrichtern und Hybridwechselrichtern standardmäßig integriert.

Zusätzlich wird ein Wechselspannungs-Überspannungsschutz, kurz AC-Überspannungsschutz, installiert.

Bei Wohnhäusern muss weiterhin bedacht werden, dass wenn der Hausanschluss verändert wird –und das ist beim Anschluss eines Wechselrichters ans Netz der Fall –die Elektronik auf den neusten Stand der Technik gebracht werden muss. Das beinhaltet beispielsweise den Austausch eines alten Stromzählers oder das Anbringen eines Fehlerstromschutzes.

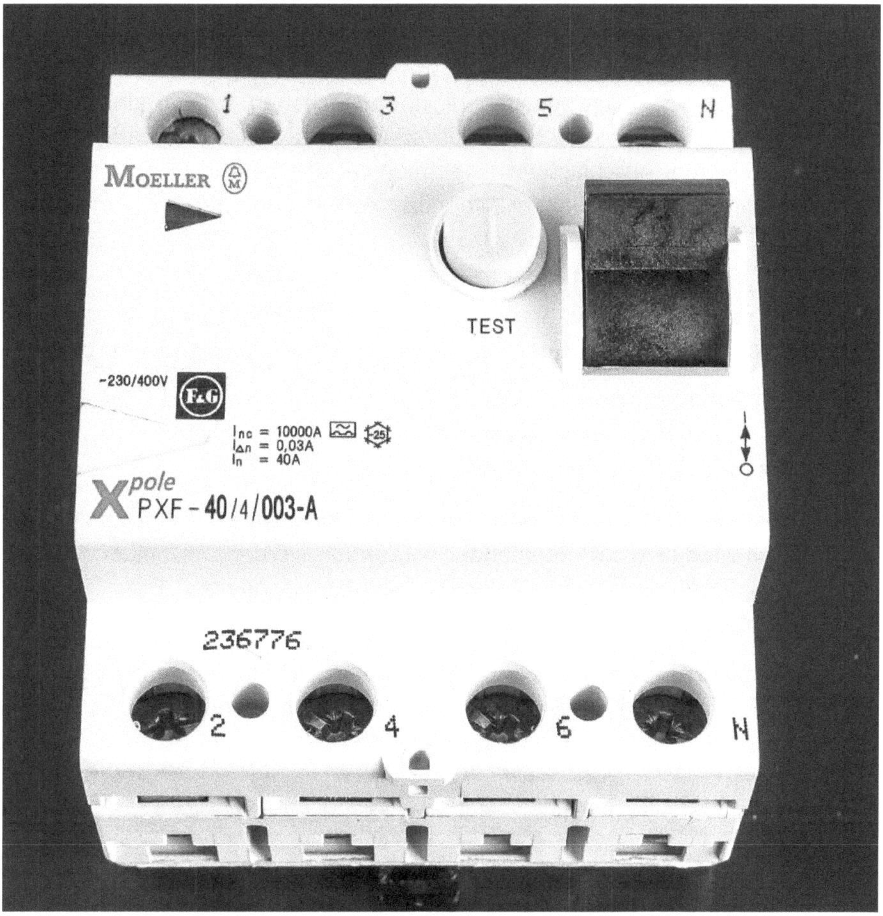

Abbildung 37 Moeller Überspannungsschutz

Bei hobbymäßigen Kleinanlagen empfiehlt es sich außerdem, dass eine Sicherung zwischen die Photovoltaikmodule und den Wechselrichter verbaut wird. So kann die restliche Elektronik im Falle eines Überstroms keinen Schaden nehmen. Außerdem sollten alle Gleichstrompfade, beispielsweise von der Batterie ausgehend, gesichert werden. Dafür können Sicherungen verwendet werden, beispielsweise über einen Sicherungsblock oder anschraubbare Sicherungen.

Damit haben wir alle Komponenten kennengelernt, die für den Aufbau einer Photovoltaikanlage notwendig sind. Wir sind nun bereit, die konkrete Verschaltung der Module anzugehen und eine Anlage auszulegen.

7 Planung der Anlage

Für die Planung der Anlage schauen wir uns zunächst an, wie wir einzelne Module verbinden können und welche Auswirkungen sich in Bezug auf Strom und Spannung ergeben. Anschließend berechnen wir die benötigte Größe bzw. die Anzahl der Module und der anderen benötigten Komponenten.

7.1 Photovoltaikmodule verbinden

Bei Photovoltaikmodulen können wir mehrere Module miteinander verbinden.

Wenn wir mehrere Module miteinander verbinden, indem wir den Pluspol eines Moduls an den Minuspol des nächsten Moduls anschließen, spricht man von einer **Reihen-** oder auch **Serienschaltung**.

Dabei dürfen der Minuspol des ersten Moduls und der Pluspol des letzten Moduls **nicht** miteinander verbunden werden. Ansonsten würden wir eine geschlossene Schleife, was nichts anderes ist als ein Kurzschluss, erstellen.

Bei der Reihenschaltung mehrere Module addiert sich die Spannung sowie die Leistung der einzelnen Module. Die Stromstärke bleibt dabei gleich.

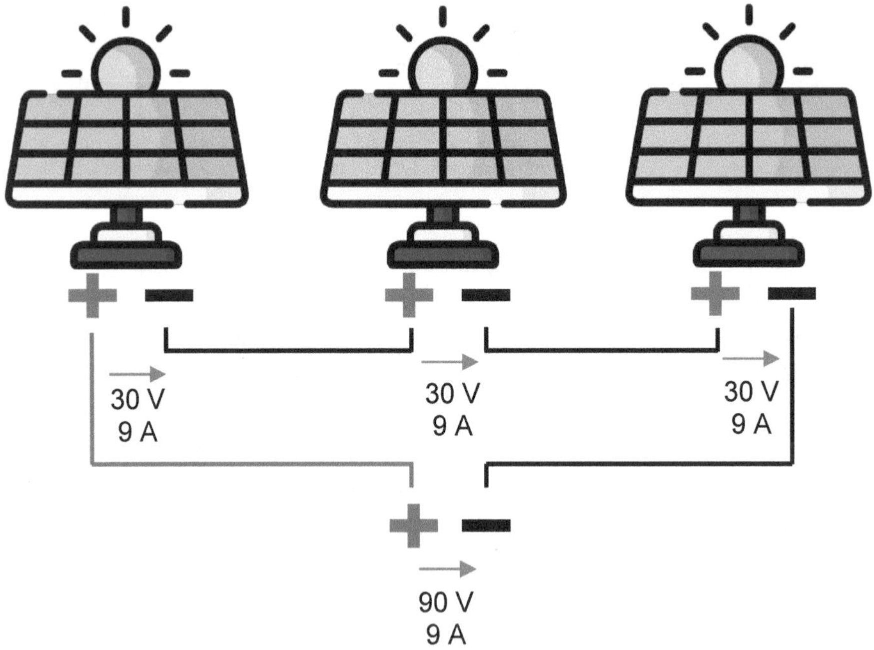

Abbildung 38 Reihenschaltung von PV-Modulen

Jetzt verstehen wir auch, warum Verschattung schlecht für die Performance einer Solaranlage ist. Der Strom, der bei einer Reihenschaltung von Solarmodulen entsteht, fließt durch alle Module. Wenn eines der Module verschattet ist, blockiert es den Stromfluss aller Module.

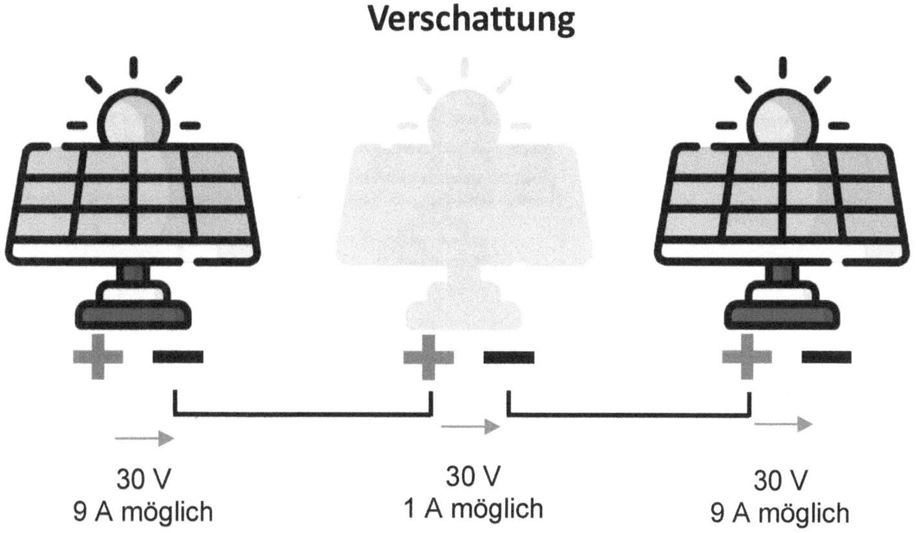

Abbildung 39 Verschattung bei einer Reihenschaltung

Heutzutage werden die Module standardmäßig mit **MC4-Verbindern** ausgeliefert. Die Verbinder der Firma *Stäubli* haben sich für den internationalen Standard für das Verbinden von Photovoltaikmodulen durchgesetzt. Die Stecker sind langlebig und können hohe Stromstärken aushalten.

Abbildung 40 MC4-Verlängerungskabel

Die Stromstärke bleibt bei der Serienschaltung gleich. Deshalb muss lediglich auf die maximale Spannung geachtet werden.

Anders verhält sich das, wenn wir die Module **parallel** verschalten. Das bedeutet, dass jeweils die Pluspole aller Module und auf der anderen Seite die Minuspole aller Module miteinander verbunden werden. Dadurch bleibt die Spannung gleich, jedoch erhöht sich die Stromstärke. Die Leistung addiert sich auch hier wieder.

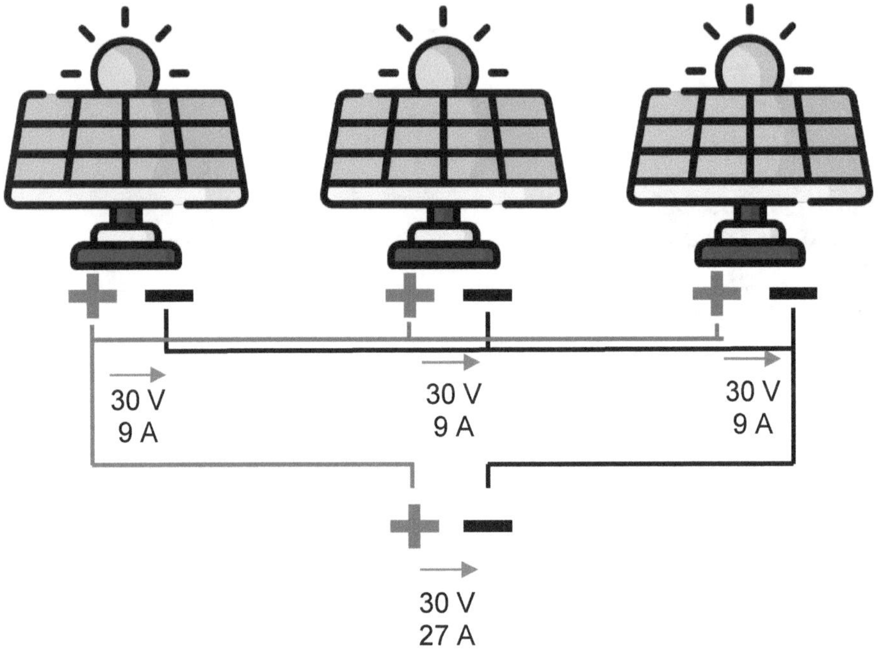

Abbildung 41 Parallelschaltung von PV-Modulen

Durch die Parallelschaltung erhöht sich die Stromstärke im Kabel. Deshalb muss darauf geachtet werden, dass das verwendete Kabel ausreichend dick für den Stromfluss ist. Für die Parallelschaltung werden Verbinder verwendet, welche 2, 3 oder 4 Eingänge besitzen und diese auf einen Ausgang bündeln.

Abbildung 42 Y-Verbinder für das Parallelschalten von Modulen

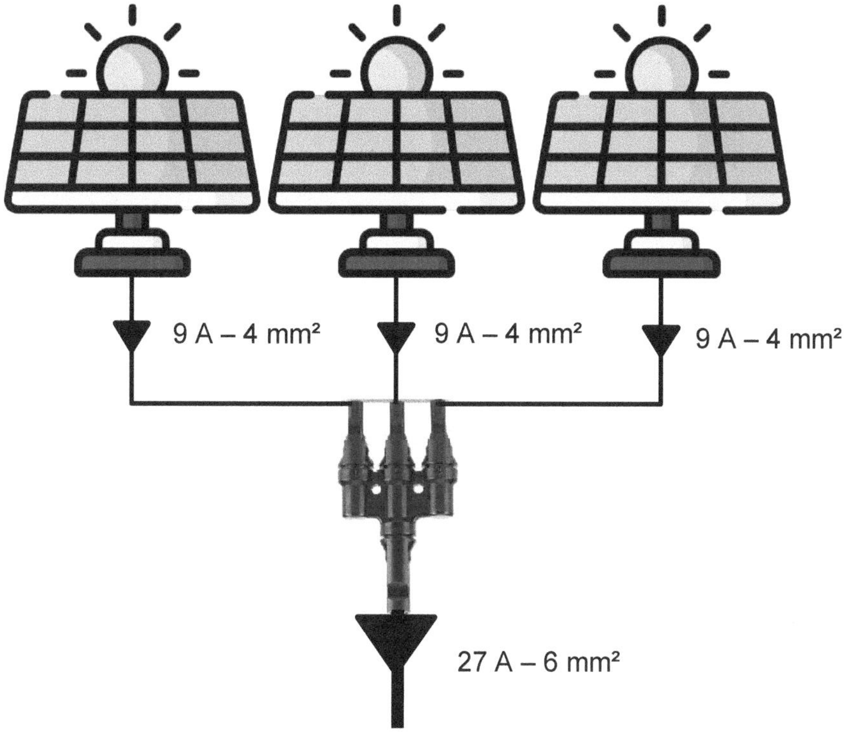

Abbildung 43 Parallelschaltung von Solarmodulen mittels MC4-Y-Verbinder

Standardmäßig werden Kupferkabel mit einer Querschnittsfläche von 4 mm^2 oder 6 mm^2 verwendet. Die Spezifikationen der MC4 Stecker gibt an, wie groß die Querschnittsfläche bei gegebenem Strom sein muss.

Stromstärke	Querschnittsfläche des verwendeten Kabels
Bis 17 A	1,5 mm^2
Bis 22 A	2,5 mm^2 (14 AWG)
Bis 30 A	4 mm^2 oder 6 mm^2 (10 AWG)
Bis 43 A	10 mm^2

! Bei der Parallelschaltung mehrerer Module muss stets die Strombelastbarkeit des Kabels und der Stecker gewährleistet sein.

Ob man die Module parallel oder seriell verschaltet, hängt von den verwendeten Geräten ab.

Bei Dachanlagen werden meistens 10–20 Module in Serie geschaltet. Man spricht von einem **String**. Wir erinnern uns, dass es sinnvoll ist, dass alle Module eines Strings in etwa die gleichen Lichtbedingungen erfahren. Beispielsweise, dass sie alle auf einer Dachseite liegen. Ansonsten können ungleichmäßige MPP zu Leistungsminderungen führen.

Parallelschaltungen werden nur bei sehr großen Anlagen realisiert.

Batterien können, genauso wie Photovoltaikmodule, entweder seriell oder parallel verschaltet werden.

Fertige Solarspeicher, wie man sie für das Eigenheim kaufen kann, sind bereits intern verschaltet, sodass wir uns bei der Verwendung keine Gedanken über die Verschaltung machen. Wichtig für uns zu wissen sind die Daten des Speichers, das bedeutet, wie hoch die Spannung des Speichers ist und wie viel Leistung er maximal abgeben kann.

Bei Hobby-Anwendungen, wiederum das Beispiel eines Wohnwagens oder einer Hobby-Werkstatt, kann es hingegen vorkommen, dass man selbst Batterien seriell oder parallel schalten möchten. Wenn wir einen Laderegler für 24 V besitzen, aber nur 12 V-Blei-Akkus zur Verfügung stehen, können zwei identische 12-V-Akkus in Serie geschaltet werden.

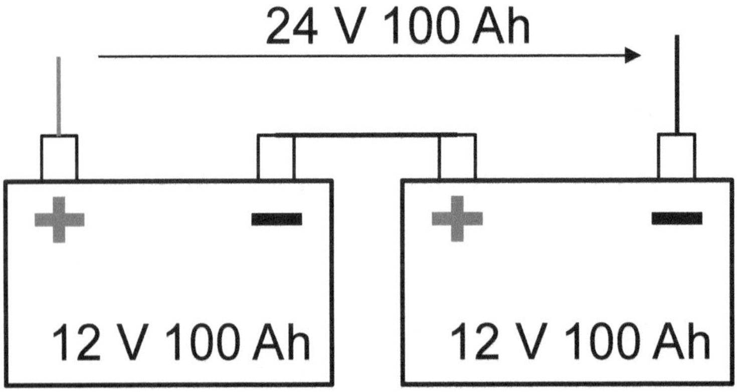

Abbildung 44 Reihenschaltung von Akkus

Dabei kann es sein, dass die Akkus über die Zeit etwas auseinanderlaufen. Nach einem halben Jahr kann beispielsweise eine Batterie lediglich 10 V, die andere aber noch 11 V anzeigen. Deshalb sollte man die Akkustände regelmäßig überprüfen. Falls eine Asymmetrie auftritt, müssen die Batterien einzeln nachgeladen werden. Alternativ gibt es Laderegler mit integriertem **Batterie-Management-System (BMS).** Ein BMS wird vor allem in Verbindung mit Lithium-Ionen Zellen eingesetzt, insbesondere wenn man mehrere Zellen in Serie schaltet. Beispielsweise werden häufig 7 oder 14 Stück in Serie betrieben.

Um die ungleichmäßige Entladung der seriell geschalteten Zellen auszugleichen, wird ein BMS-Chip verwendet. Dieser misst die Potenziale der einzelnen Zellen. Wenn sich einzelne Zellen vom Durchschnittswert aller Zellen zu weit entfernen, werden die einzelnen Zellen ge- oder entladen, so dass jede Zelle annähernd auf gleichem Potenzial geladen ist.

Wenn man zwei identische Akkus nicht seriell, sondern parallel schaltet, bleibt die Spannung wiederum gleich, Stromstärke und Kapazität erhöhen sich jedoch.

Wenn wir zwei Akkus parallel schalten ist es wichtig, dass wir beide Batterien zuvor auf die gleiche Spannung aufladen. Ansonsten fließen beim Zusammenschalten kurzzeitig enorme Ausgleichsströme, die sowohl die Batterien, die Verbinder und den Anwender schädigen können.

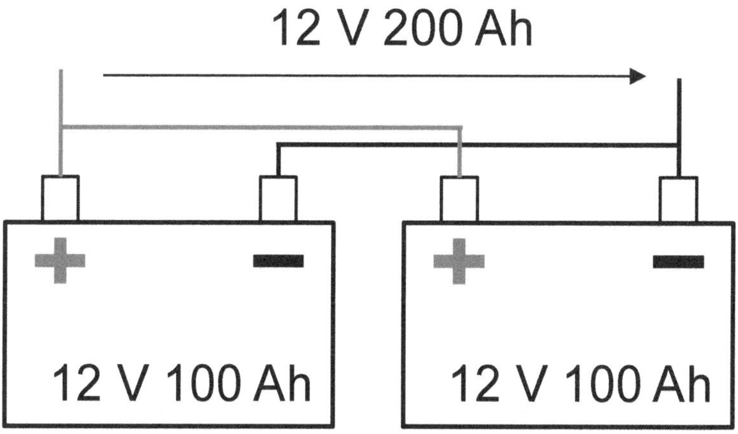

Abbildung 45 Parallelschaltung von Akkus

Die speicherbare Energie ist in beiden Systemen gleich. Heutzutage werden vermehrt Hochvoltsysteme mit Spannungen bis zu 800 V eingesetzt.

Der Hintergrund ist der, dass die benötigte Kupferdicke eines Kabels weniger von der Spannung, sondern vielmehr von der Stromstärke abhängig ist. Bei gleicher Leistung haben höhere Spannungen daher den Vorteil, dass geringere Ströme fließen. Dadurch wird das Kabel dünner und günstiger.

Dieser Zusammenhang gilt generell für die Überlegung, bei der Kabel benötigt werden – egal, ob Solarmodule oder Batterien verschaltet werden.

Nach der technischen Verschaltung der Batterien und Module widmen wir uns der Lastauslegung und dem gesamten Schaltplan einer Anlage.

7.2 Berechnung der Last und Autarkie

Nachdem die Rahmenbedingungen geklärt sind, können wir mit der Berechnung der Last beginnen. Eine Solaranlage muss sehr individuell ausgelegt werden. Selbstverständlich kann man Durchschnittswerte heranziehen, um beispielsweise den Speicher oder die Größe der PV-Anlage auszulegen. Jedoch kann es dann mit hoher Wahrscheinlichkeit vorkommen, dass man außerhalb des Durchschnitts liegt und entweder die Anlage überdimensioniert hat oder sie im schlimmeren Fall nicht für die benötigten Lasten ausreicht. Daher schauen wir uns einmal an, was man bei der Planung der Anlagengröße beachten muss.

Wir beginnen mit der Auswahl der Leistung der PV-Anlage und des Speichers. Wir wissen bereits, dass eine Anlage mit einer ausgegebenen Leistung von 1 kWp eine jährliche Globalstrahlung von ungefähr 1000 kWh erzeugt. Im Norden sind es nur 900 kWh, im Süden auch mal 1100 kWh.

Ein durchschnittlicher Einfamilienhaushalt verbraucht circa 4000-5000 kWh pro Jahr. Das bedeutet: Wenn die gesamte Energie einer PV-Anlage genutzt werden könnte, würde ein Einfamilienhaushalt lediglich eine PV-Anlage von 4 bis 5**kWp** benötigen.

Jedoch ist der Ertrag stark von der Sonnenhöhe, sprich der Jahreszeit und der Tageszeit, abhängig. Durchschnittlich kann deshalb lediglich 20–30 % der erzeugten PV-Energie selbst genutzt werden. Ähnlich verhält es sich mit dem Autarkiegrad.

Um die Autarkie erhöhen zu können, gibt es mehrere Möglichkeiten. Die banalste Überlegung ist dabei weniger Strom zu verbrauchen, wenn die Sonne nicht scheint und mehr zu verbrauchen, wenn sie Sonne scheint.

Das ist nicht nur ein theoretischer Einfall, sondern kann die Autarkie durch smarte Steuerung deutlich erhöhen. So kann man durch verschiedene Maßnahmen auch ohne Energiespeicher seinen Autarkiegrad auf 40–60 % erhöhen.

Eine zusätzliche Lösung ist der Einsatz von Energiespeichern. Mit Hilfe eines Energiespeichers ist es möglich, seinen Autarkiegrad von circa 20–30 % auf über 80 % zu erhöhen. Je nach Verbrauch und Lastprofil muss der Speicher entsprechend groß gewählt werden. Mehr als 80 % Autarkie sind in der Regel nicht wirtschaftlich darstellbar.

Eine 100-prozentige Selbstversorgung ist nur durch eine deutliche Überdimensionierung der PV Anlage und des Speichers möglich. Den Flaschenhals bilden dabei die Wintertage, bei denen es auch für mehrere Tage sein kann, dass die Solarmodule von Schnee bedeckt sind und somit kaum oder keine Energie erzeugt werden kann. Ein Speicher, der das gesamte Haus für mehrere Tage mit Strom versorgen kann, würde zu 99 % der restlichen Zeit weder vollgeladen noch entladen werden.

Auf der Kehrseite bedeutet das auch, dass im Sommer Unmengen an Überschussstrom produziert werden, welcher entweder für wenige Eurocent an den Netzbetreiber verkauft werden muss oder – wenn man sich für eine Inselanlage ohne Netzanschluss entscheidet –vollkommen ungenutzt bleibt.

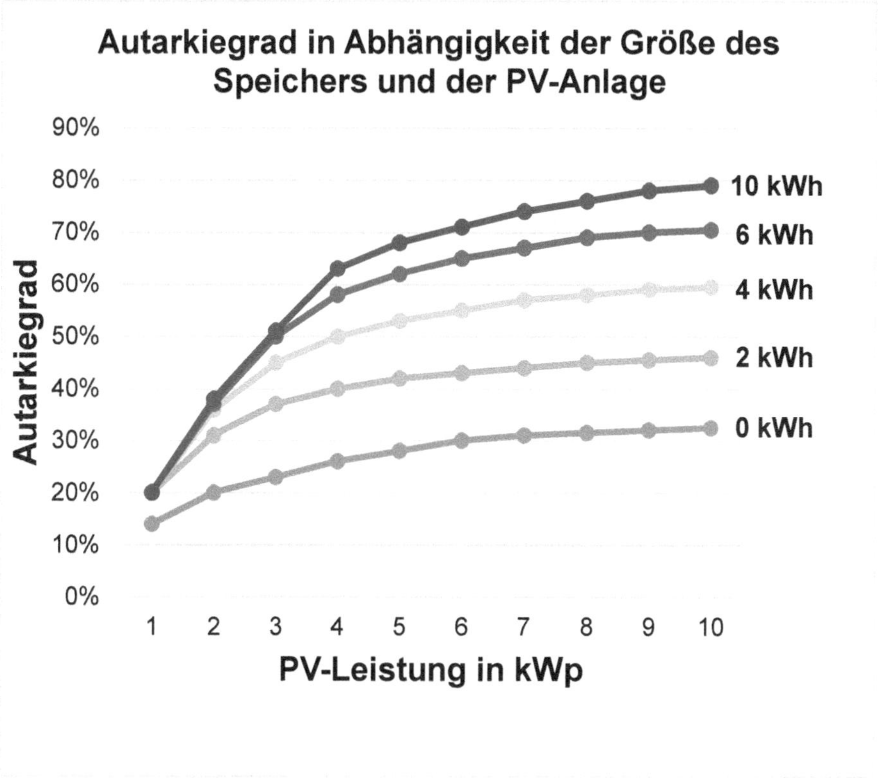

Abbildung 46 Autarkiegrad in Abhängigkeit von Speichergröße und Photovoltaikstärke

Durch eine leichte Überdimensionierung sowie dem Anpassen der Verbraucher ist es jedoch möglich, Autarkieraten von 80–90 %zu erreichen.

Das Erreichen einer 100-prozentigen Autarkie im Einfamilienhaus ausschließlich über eine Photovoltaikanlage und einem Stromspeicher ist weder wirtschaftlich noch ressourcentechnisch sinnvoll oder nachhaltig.

Die Technische Universität Berlin hat zur Berechnung der Autarkie einen Rechner konzipiert, indem der Verbrauch, die Anlage und der Speicher eingetragen werden kann. Zu finden ist der Rechner unter:

https://pvspeicher.htw-berlin.de/unabhaengigkeitsrechner/

Als Ergebnis erhalten wir den Eigenverbrauchsanteil sowie den Autarkiegrad der Anlage. Der Rechner verwendet dabei Durchschnittswerte, welche bei der Auslegung und der Wirtschaftlichkeitsberechnung von PV-Anlagen sinnvoll sind.

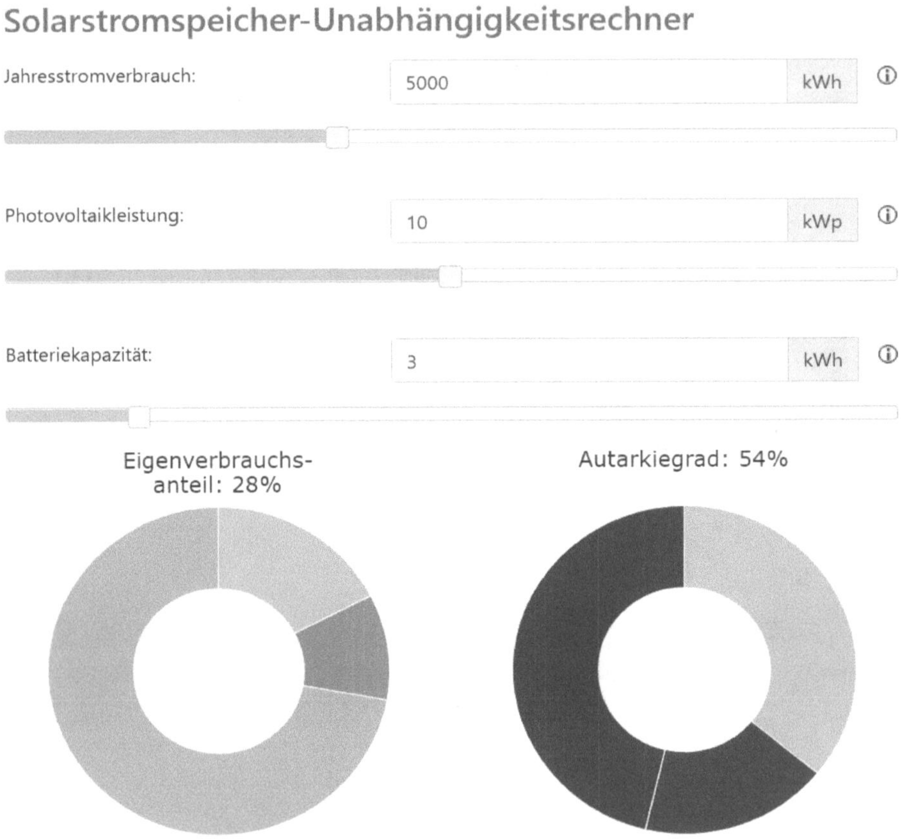

Abbildung 47 Unabhängigkeitsrechner der HTW Berlin
Quelle: https://pvspeicher.htw-berlin.de/unabhaengigkeitsrechner/

Durch verschiedene Maßnahmen, die wir uns am Ende des Buches anschauen werden, lässt sich der Eigenverbrauchsanteil auch ohne Speicher erhöhen.

Zu beachten bei diesem Rechner ist, dass er individuelle Gegebenheiten nicht berücksichtigt. Ein Elektroauto oder eine Wärmepumpe beispielsweise erhöht die Autarkie meist automatisch um 10–20 %, ohne zusätzlichen Aufwand.

Diese Aussage bezieht sich lediglich auf Wohneinheiten **mit Netzanbindung**.

Wenn man aus ideologischen Motiven, beispielsweise dem Misstrauen in das Stromnetz, dennoch bei einem vorhandenen Netzanschluss eine vollkommene Selbstversorgung anstrebt, sind mittlerweile Speichersysteme auf Wasserstoffbasis auf dem Markt zu finden.

Diese wandeln den überschüssigen Strom, welcher im Sommer produziert wird, in Wasserstoff um und wandeln ihn im Winter mit Hilfe einer Brennstoffzelle in elektrische Energie zurück. Dabei ist der Gesamtwirkungsgrad inklusive Ausnutzung der entstehenden Abwärme im Bereich von 40–60 %. Außerdem beginnen diese Anlagen im fünfstelligen Eurobereich.

Eine Alternative zur vollständigen Autarkie, wenn man sich vor Stromausfällen schützen möchte, ist das Verwenden eines Speichers in Kombination mit einem **notstromfähigen Wechselrichter**. Dieser erkennt, wenn das Stromnetz ausfällt und puffert das hausinterne Netz, damit die Verbraucher nicht abstürzen. Mit Hilfe dieses Speichersystems kann man mehrere Stunden oder Tage ohne Netzanschluss überbrücken.

Wie bereits erwähnt, ist das in Deutschland oftmals nicht lukrativ oder notwendig, da die durchschnitte Stromausfallszeit bei 10–15 Minuten pro Jahr liegt.

7.3 Auslegung der Größe des Speichers und der PV-Anlage

Um einen Daumenwert für die Auslage der Anlage zu erhalten, haben wir den gesamten Stromverbrauch des Jahres zur Hilfe genommen. Falls man Daten zum Leistungsverlauf über das Jahr hat, beispielsweise wenn man einen intelligenten Stromzähler besitzt, kann man diese Daten ebenfalls zu Rate ziehen, um eventuelle Lastspitzen ausfindig zu machen.

Um die Größe der PV-Anlage und des Speichers abschätzen zu können, verwendet man Erfahrungswerte. Diese werden im Folgenden angeführt. Sie sind im großen Maßstab immer noch zu verwenden, obwohl sie nicht mehr aktuell sind. Dennoch schauen wir uns die Dimensionierungsauslegungen genauer an und erklären anschließend, warum sie veraltet sind.

1. Wenn man keinen Speicher verbauen möchte, um beispielsweise die Investitionskosten gering zu halten oder weil man davon ausgeht, dass die Preise für Speicher zukünftig noch stark fallen werden, dimensioniert man die PV Anlage zum circa 1,5-fachen des jährlichen Verbrauchs. Das bedeutet, dass pro 1000 kWh jährlichem Strombedarf eine Solaranlage mit 1,5 kWp vorgesehen wird. Bei einem jährlichen Stromverbrauch von 4000 kWh ergibt das eine Anlagengröße von circa 6 kWp. Der Eigenverbrauch und Autarkiegrad ergibt sich dabei zu circa 20–30 %. Der restliche Strom wird ins Stromnetz eingespeist.

2. Wenn man ein Optimum von Eigennutzung und Anlagengröße verwenden möchte, empfiehlt sich weiterhin ein Speicher, der ebenfalls eine Größe von circa 1–1,5 kWh nutzbarer Energie speichern kann, pro 1000 kWh jährlichem Stromverbrauch. Bei dem Beispiel von 4000 kWh

ergäbe das einen Stromspeicher mit 4–6 kWh. Dadurch steigt der Eigenverbrauch auf circa 60 %, der Autarkiegrad auf circa 50–60 %.

3. Wenn man von steigenden Strompreisen ausgeht, empfiehlt es sich, sowohl die Anlage als auch den Speicher zum 1,5- bis 2-fachen des benötigten Strombedarfs auszulegen. Bei unserem Beispiel von jährlich 4000 kWh ergibt sich eine Anlagengröße von circa 8 kWp und ein Batteriespeicher von 8 kWh nutzbarer Energiespeicherung. Die Eigenverbrauchsquote sinkt dabei auf knapp 40 %, da insgesamt mehr Strom erzeugt wird als benötigt. Der Autarkiegrad steigt jedoch auf 75–80 %.

Bei den oben beschriebenen Werten handelt es sich um Durchschnitts- und Erfahrungswerte der letzten Jahre. **Diese sind nicht mehr aktuell!**

Es wird dabei die fortschreitende **Elektrifizierung der Energieversorgung** nicht beachtet, welche erhebliche Auswirkungen auf die Dimensionierungsvorschriften einer PV-Anlage hat.

Momentan wird der Großteil der Wärmeenergie durch Gasheizungen, bei älteren Häusern durch Öl-Heizungen erzeugt. Im Zuge der Energiewende werden diese veralteten Heiztechnologien ausgetauscht und durch Alternativen, wie eine Wärmepumpe, ersetzt.

Eine Wärmepumpe kann Wärmeenergie aus der Umwelt gewinnen und damit Wohngebäude heizen. Dafür entzieht sie der Umgebungsluft, dem Grundwasser oder dem Erdreich Wärme.

Eine Wärmepumpe arbeitet prinzipiell wie ein umgekehrter Kühlschrank. Mit Hilfe von elektrischer Energie wird ein Kältemittel komprimiert, nimmt Wärme auf und wird wieder entspannt, damit die Wärme abgegeben wird.

Diese Wärmepumpen sind umweltfreundlich und werden bereits zum großen Teil bei Neubauten eingesetzt.

Zukünftig wird ein überwiegender Teil der gesamten Heizenergie aus Elektrizität gewonnen.

Ein weiterer Aspekt der Elektrifizierung ist die **Elektromobilität**. Der Abschied vom Verbrenner ist beschlossene Sache und wurde mittlerweile selbst von großen Autoherstellern wie VW oder BMW bekanntgegeben.

Die Energie, welche bisher aus Benzin oder Diesel gewonnen wurde, wird zukünftig ebenfalls durch Strom ersetzt. Das alles führt dazu, dass zukünftig deutlich mehr Strom benötigt wird, als es heutzutage der Fall ist. Jeder, der bereits heute ein Elektroauto fährt, weiß, dass ein Elektroauto bei einer jährlichen Fahrtstrecke von 10 000 km zusätzlich 1500–2000 kWh Strom benötigt. Eine Wärmepumpe verbraucht circa 30–40 kWh pro Quadratmeter Wohnfläche. Bei einem durchschnittlichen Einfamilienhaus mit 150 m² Wohnfläche wären das circa 4500 kWh bis 6000 kWh zusätzlicher Strombedarf pro Jahr. Auch wenn man davon ausgehen kann, dass die Effizienz und die Wärmedämmung weiter steigen werden, ist eine enorme Mehrbelastung abzuschätzen.

Die folgende Grafik zeigt diesen Zusammenhang auf. Der zusätzliche Strombedarf ergibt sich aus der Sektorenkopplung von Strom, Wärme und Mobilität.

Obwohl die „Grundlast" um über 10 % sinkt, wird ein Anstieg des jährlichen Strombedarfs von über 20 % erwartet.

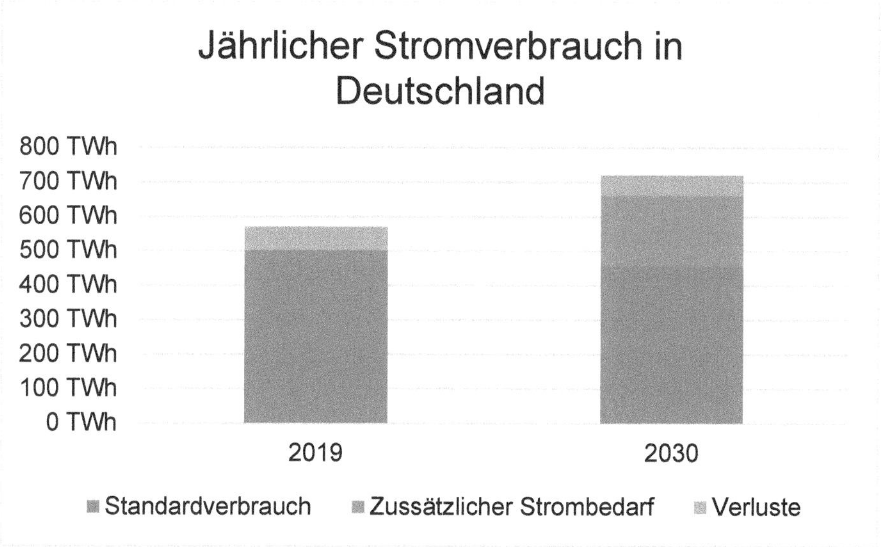

Abbildung 48 Erhöhung des jährlichen Stromverbrauchs durch Sektorenkopplung

Gleichzeitig ist zu beachten, dass die Preise für PV-Module in den vergangenen Jahren deutlich gesunken sind. Deshalb rentiert sich eine PV-Anlage wirtschaftlich zu beinahe jedem Zeitpunkt. Auch wenn die zusätzliche Energie nicht vollständig eigengenutzt werden kann und zum großen Teil eingespeist wird, erhält man über 20 Jahre eine garantiere Einspeisevergütung, die dafür sorgt, dass sich die Module im Laufe der Zeit selbst abzahlen.

Deshalb sind die Vorschriften zur Dimensionierung der PV-Anlage mit den heutigen Stromverbräuchen nicht mehr aktuell, genauer gesagt nur dann aktuell, wenn man beim Verbrauch bereits ein oder zwei Elektroautos und eine Wärmepumpe einplant.

Schließlich ist die Nachrüstung einer Solaranlage eine Anschaffung, die für 20–30 Jahre unverändert auf dem Dach beibehalten werden soll.

Unter den genannten Aspekten ist die einzig sinnvolle Begrenzung für die Größe der PV-Anlage die Größe des Hausdaches.

Unter den Aspekten der Elektrifizierung, der Skaleneffekte und der zukünftigen Optimierung des Eigenverbrauchs ist es sinnvoll, die Größe der PV-Anlage von der **maximalen Bestückungsfläche des Daches** abhängig zu machen. Falls das z. B. aus finanzierungstechnischer Sicht nicht möglich ist, empfiehlt es sich Vorkehrungen zu treffen, um zukünftig weitere Module nachrüsten zu können. Dazu gehören beispielsweise die Ausrichtung der aktuellen Module oder das Legen von zusätzlichen Leitungen.

Zu dieser Zusammenfassung ist auch das Umweltbundesministerium in einer im Jahr 2021 veröffentlichten Studie gekommen:

Die Auslegung der PV-Anlage sollte sich am vorhandenen Dachpotenzial orientieren und nicht am Eigenverbrauchsanteil.

https://www.umweltbundesamt.de/sites/default/files/medien/479/publikationen/cc_66-2021_wirtschaftlichkeit_von_photovoltaik-dachanlagen.pdf

Zu dieser Feststellung kommen auch weitere Experten wie die Hochschule für Technik und Wirtschaft aus Berlin oder die Verbraucherzentrale NRW.

Die Vollbelegung des Daches hat zudem Vorrang vor einem Batteriespeicher, denn die Module erzeugen umweltfreundliche Energie, Speicher hingegen nicht. Im Gegenteil, sie vernichten durch ihren Wirkungsgrad 10–20 % der gespeicherten Energie. Außerdem verursachen Speicher größere Umweltauswirkungen bei ihrer Produktion als PV-Module. Das haben wir bereits in den vorherigen Kapiteln ausführlich behandelt.

Das mag jetzt den einen oder anderen etwas überraschen, aber aus ökologischer Sicht sind Speicher im Vergleich zu Photovoltaik zum heutigen Zeitpunkt schädlich und nicht förderlich. Wir benötigen mehr Energie, bevor wir ans Speichern denken sollten.

Vereinfacht gesagt ist es für die Umwelt besser, wenn wir den überschüssigen Sonnenstrom ins Netz einspeisen und ihn unser Nachbar nutzen kann, anstatt dass wir ihn speichern und dabei 20 % verlieren.

Auch das betont das Umweltbundesamt in der angeführten Studie:

Der Anreiz für die Installation einer PV-Anlage sollte nicht sein, möglichst viel des Stroms selbst zu verbrauchen und das eigene Haus als abgeschlossenen Stromkosmos zu betrachten, sondern zu einer möglichst hohen Dekarbonisierung des gesamten Stromsystems beizutragen. Denn um die angestrebte Klimaneutralität bis zum Jahr 2045 zu erreichen, bedarf es einer schnellen und deutlichen Steigerung des PV-Zubaus.

Durch mehr Leistung, entsprechend also mehr PV-Module, erhält man zudem wirtschaftlichere Angebote von den Monteuren oder Verkäufern. Denn die großen Kostenblöcke wie der Wechselrichter oder der Laderegler werden prozentual gesehen günstiger, je mehr Leistung sie bereitstellen können. Außerdem wird für die Montage im Normalfall ein Gerüst benötigt, was ebenfalls Fixkosten darstellt.

Das bedeutet nicht, dass Speicher generell unrentabel sind, wie wir bei der Wirtschaftlichkeitsberechnung noch sehen werden.

Durch diese Skaleneffekte sind meistens auch Norddächer lukrativ, die es früher nicht gewesen waren. Die Ausnahme bilden hierbei Batteriespeicher, welche nur unter bestimmten Umständen wirtschaftlich sind.

Unter welchen Umständen das der Fall ist, werden wir genauer betrachten, wenn wir eine konkrete Wirtschaftlichkeitsbetrachtung der Anlagen durchgehen werden.

7.4 Auslegung einer Inselanlage

Bei all diesen Betrachtungen des Verbrauchs und des Autarkiegrades stand das klassische Wohngebäude im Fokus. Bei diesen ist eine Inselanlage aus wirtschaftlicher und ökologischer Sicht nicht sinnvoll. Daher bezieht sich der folgende Abschnitt primär auf Kleinanlagen.

Bei Anlagen, die auf eine 100-prozentige Autarkie angewiesen sind, beispielsweise ein Boot, eine Hütte im Wald oder ein Wohnwagen, sieht die Sachlage fundamental anders aus. In diesen Fällen fallen jedoch auch häufig Verbraucher wie Kühlschrank oder TV weg, so dass es deutlich leichter ist, eine vollkommene Autarkie zu erreichen.

Zur Auslegung haben wir bisher den jährlichen Stromverbrauch zur Hilfe genommen. Bei diesen Kleinanlagen ist es jedoch sinnvoller, mit dem **täglichen** Stromverbrauch zu rechnen, da wir diesen Strom auf die schlechtesten Tage, nämlich die Wintertage, ausgeben müssen.

Wenn der tägliche Stromverbrauch nicht bekannt ist, kann er abgeschätzt werden. Dafür werden alle Verbraucher aufgelistet und geschaut, wie viel Leistung diese benötigen. Anschließend müssen wir schauen, wie lange die Verbraucher pro Tag verwendet werden.

Die Verbrauchsangaben befinden sich auf den Typenschildern der Verbraucher. Falls diese nicht zu finden sind, kann der typische Verbrauch im Internet abgeschätzt werden.

Beispielsweise können zwei LED-Glühbirnen mit 10 Watt jeweils für circa 3 h am Tag in Verwendung sein. Dies ergibt einen Bedarf von.$2 \cdot 10\ W\ \cdot 3\ h = 60\ Wh$

Hinzu kommt ein Mini-Kühlfach mit 20 Watt, welches tagsüber für 8 Stunden verwendet wird – ergibt zusätzlich 160 Wh. Zusätzlich wird eine Musikanlage mit 10 Watt für 4 h betrieben – ergibt 40 Wh und so weiter.

Anhand dieses Verbrauches kann anschließend die Batterie ausgelegt werden.

Wenn wir beispielsweise einen Gesamtverbrauch von 450 Wh täglich haben, und wir möchten ohne Sonneneinstrahlung unsere Geräte mindestens zwei Tage lang betreiben können, benötigen wir entsprechend eine Batterie mit einer nutzbaren Speicherleistung von 900 Wh. Inklusive Sicherheitspuffer und Speicherverlusten landen wir bei einer Batteriegröße von circa 1100 Wh, was ungefähr einer kWh entspricht.

Die benötigte Leistung der Photovoltaikmodule ergibt sich daraus, dass die Solaranlage die benötigte Energie auch im Winter leisten soll.

Dafür sind der Standort und die minimalen Sonnenstunden an diesem Standort im Winter wichtig zu wissen. Diese Daten können wir beispielsweise auf der Internetseite vom **Deutschen Wetterdienst** erhalten.
Selbst im Winter liegt der Durchschnitt bei circa **drei Sonnenstunden pro Tag**. Wie zuvor erwähnt, das ist der Durchschnitt über mehrere Wintertage. Dabei kann es vorkommen, dass an manchen Tagen so gut wie keine Sonne scheint, aber dafür haben wir ja die Batterie ausgelegt. Je nach Risiko-Affinität können die Anlage und der Speicher somit größer oder kleiner ausgelegt werden.

Bei einer einzigen Sonnenstunde pro Tag und einer benötigten Energie von 450 Wh ergibt das eine Solarleistung von 450 W. Wenn wir vom Winterdurchschnitt von drei Sonnenstunden ausgehen, benötigen wir lediglich 150 W Solarleistung.

Bei dieser einfachen Berechnung wurden Verluste durch Leitungen, Sicherungen, Wechselrichter und Laderegler außen vor gelassen. In der Realität betragen diese Verluste circa **20 %**, so dass die Anlage entsprechend 20 % größer dimensioniert werden sollte. Am Ende des Buches schauen wir uns ein konkretes Beispiel einer Inselanlage an. Die Vorgehensweise bei der Auslegung sollte jedoch klar geworden sein.

7.5 Schaltplan einer Anlage

Die einzelnen Komponenten und die Auslegung haben wir bereits kennengelernt. In diesem Kapitel schalten wir diese systematisch zu einer großen Anlage zusammen. Dabei ist es vollkommen egal, ob wir eine PV-Anlage für das Wohngebäude oder für den Hobbykeller konzipieren. Die Verschaltung ändert sich bis auf Kleinigkeiten wie zusätzliche Sicherungen oder Schalter nicht.

Zunächst ist das offensichtlichste, dass wir eine bestimmte Menge an Modulen benötigen, welche wir anhand unserer Berechnung der Last ermittelt haben.

Wenn unser Dach maximal Platz für 40 Module liefert, sollten wir auch 40 Module verbauen, unabhängig davon, ob unser jährlicher Energiebedarf 4000 kWh, oder 8000 kWh entspricht.

Die Module werden abhängig von der Größe sowie der Ausrichtung der Anlage in verschiedene **Stränge**, die bekannten **Strings,** unterteilt.

Diese Module werden an einen Laderegler, den Hybridwechselrichter, oder – wenn man einen Akkumulator verwendet –direkt an den Wechselrichter angeschlossen.
Dazwischen sollte ein Überspannungsschutz, welcher im Falle eines Blitzeinschlags Schäden an der Anlage oder der restlichen Elektronik verhindert, eingesetzt werden.
Ob dieser zwingend erforderlich ist oder nur optional, haben wir bereits im Kapitel *Schutzeinrichtungen* erläutert.
In jedem Fall empfiehlt sich ein Blitzableiter und Überschutz auch ausdrücklich bei Inselanlagen, wie auf einem Boot oder einem Wohnmobil.

Der Laderegler oder Hybridwechselrichter wird anschließend an die Batterie angeschlossen.

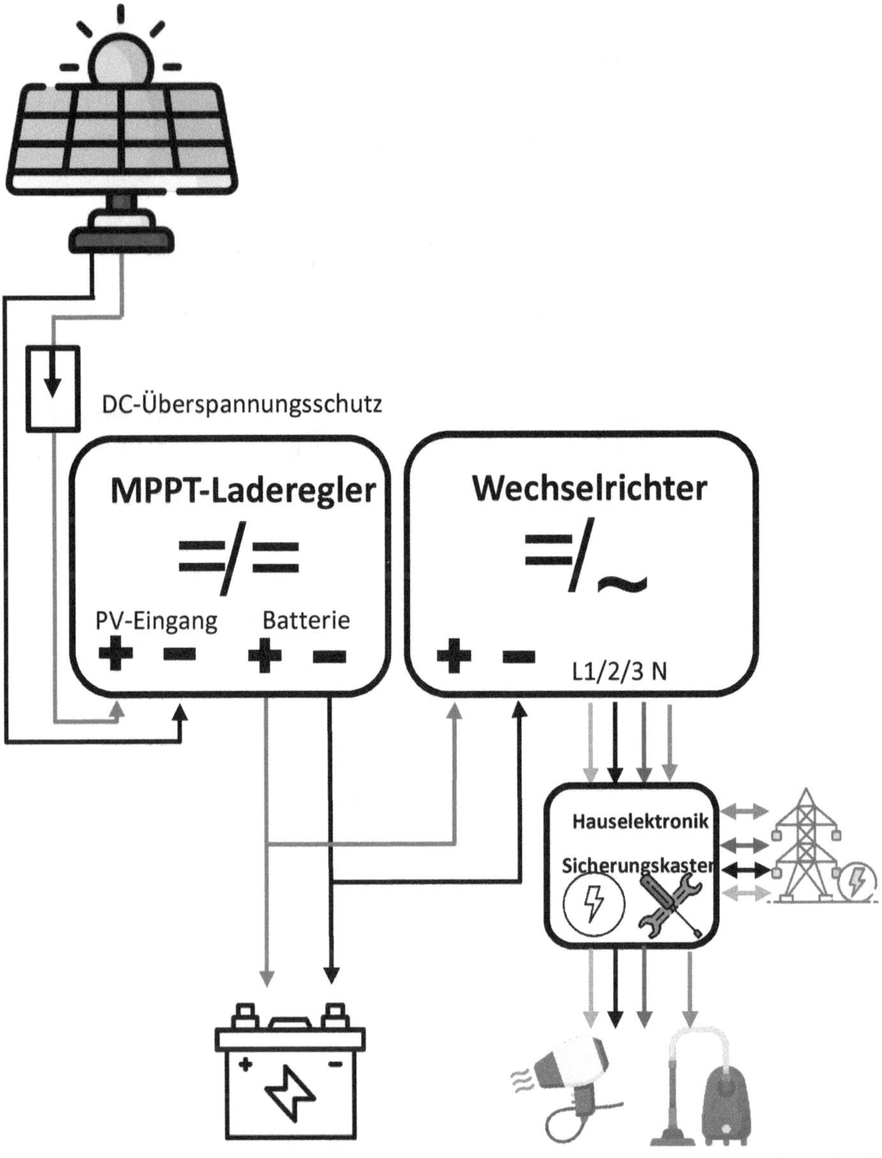

Abbildung 49 Schaltplan einer Photovoltaikanlage mit Laderegler, Speicher und Wechselrichter mit Netzanbindung

Dabei ist darauf zu achten, dass der Laderegler und die Batterie kompatibel miteinander sind. Wenn wir eine 24 V Batterie verwenden, muss der Laderegler ebenfalls für eine 24 V Batterie ausgelegt sein.

Bei Hausanlagen werden oftmals Batteriesysteme mit passendem Hybridwechselrichter angeboten. Wenn man die Anlage in Auftrag gibt, übernimmt der Solarteur bzw. die Planung des Solarunternehmens die Auswahl der passenden Komponenten.

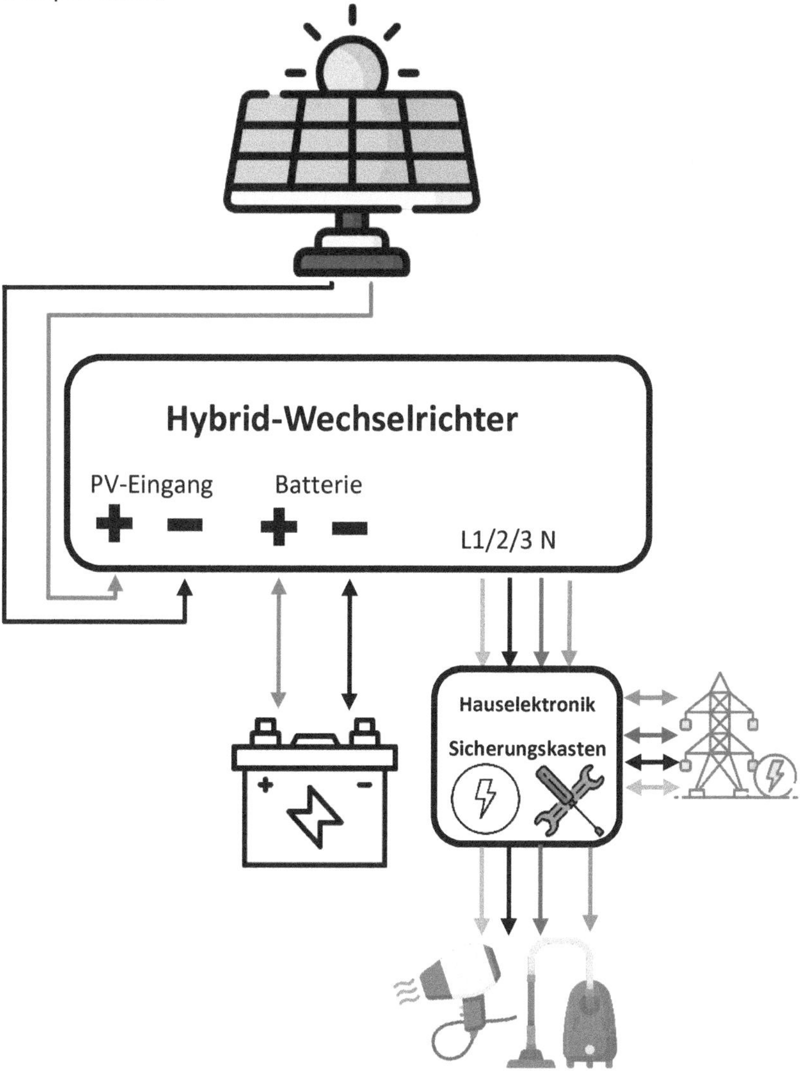

Abbildung 50 Schaltplan einer Photovoltaikanlage mit Hybridwechselrichter

Dieser Grundaufbau ist für alle Solaranwendungen gleich. Je nach Anwendungsfall werden zusätzliche Einrichtungen benötigt. Bei einem Hausanschluss sind das beispielsweise verschiedene Stromzähler wie der Erzeugerzähler, der Bezugszähler oder der Einspeisezähler. Bei einem Wohngebäude werden häufig die bereits beschriebenen Hybrid-Wechselrichter verwendet. Dadurch werden Laderegler und Wechselrichter in einem Gerät zusammengefasst. Außerdem ist die Verwendung eines DC-Überspannungsschutzes in Wohngebäuden Pflicht, weshalb moderne (Hybrid-) Wechselrichter bereits intern einen Überspannungsschutz verbaut haben.

Wenn nachträglich ein Speicher nachgerüstet wird, kann der Wechselrichter durch einen Hybridwechselrichter ausgetauscht werden, oder der Speicher wird nach dem Wechselrichter, also auf der Wechselspannungsseite, angebunden.

7.6 AC-Wechselspeicher

Wir haben gesehen, dass der Speicher direkt über den Laderegler angeschlossen wird. Dabei handelt es sich jeweils um eine Gleichspannungsanbindung. Das hat den Vorteil, dass die Verluste gering bleiben. Denn sowohl die PV-Anlage als auch der Speicher arbeiten mit einer Gleichspannung.
Jedoch ist es auch möglich, Speicher nach dem Wechselrichter, also im Wechselstromkreis, anzubinden.
Der Nachteil ist der angesprochene Wirkungsgrad. Bis zu 30 % Verluste entstehen beim mehrfachen Wandel von Gleichstrom in Wechselstrom. Daher wird, falls möglich, ein DC-Speicher präferiert.
Die AC-Speichersysteme werden nur in Ausnahmefällen eingesetzt, beispielsweise um einen Speicher nachzurüsten. Im Rahmen dieses Buches werden wir nicht weiter auf diese Speichertechnik eingehen.

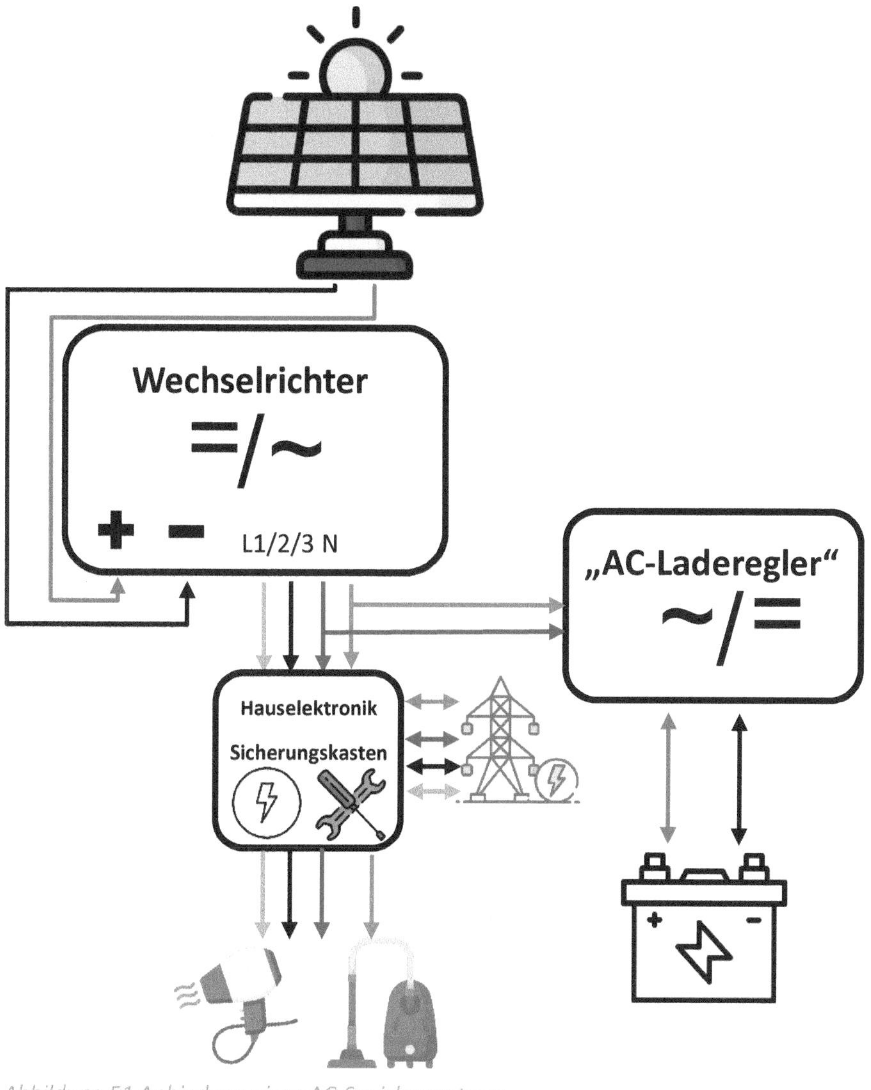

Abbildung 51 Anbindung eines AC-Speichersystems

Wenn keine Batterie verwendet wird, vereinfacht sich der Aufbau entsprechend. Der MPPT-Laderegler und die Batterie werden aus dem Schaltplan herausgenommen. Statt an den Hybridwechselrichter werden die Module an einen gewöhnlichen Wechselrichter angeschlossen.

Damit haben wir den Aufbau und die Verschaltung kennengelernt. Wir sehen, dass die Anbindung einer PV-Anlage keine Raketenwissenschaft darstellt. Als Nächstes schauen wir uns an, wie wirtschaftlich eine PV-Anlage und ein Speicher sind und wie man durch Finanzierungen Geld sparen oder sogar zusätzlich verdienen kann.

8 Finanzierung und Rentabilität

Nachhaltige Energieerzeugung ist sinnvoll und vorbildlich. Noch besser ist es, wenn diejenigen, die die Energiewende aktiv vorantreiben, auch wirtschaftlich entlohnt werden. Es soll sich niemand eine goldene Nase verdienen, aber ohne finanziellen Anreiz bleiben oftmals Investitionen aus.

Deshalb schauen wir uns in diesem Kapitel an, wie viel die Stromerzeugung durch eine Photovoltaikanlage kostet, wie viel uns ein Speicher einbringt, und welche Auswirkungen Fremdfinanzierungen haben.

Zunächst beginnen wir jedoch mit den Stromentstehungskosten. Dafür schauen wir uns einmal an, wie teuer PV Strom im Vergleich zu anderen Stromarten ist.

8.1 Solarstrom im Vergleich

Um die Kosten pro erzeugter kWh errechnen zu können, werden die Investitionskosten sowie die laufenden Kosten für die gesamte Lebenszeit einer Technologie zusammengerechnet. Anschließend werden diese Kosten durch die in der Lebenszeit produzierten kWh geteilt. Dadurch ergibt sich ein durchschnittlicher Preis pro kWh. Dies wird auch als (Strom-) **Gestehungskosten** bezeichnet.

$$\text{Gestehungskosten (pro kWh)} = \frac{\text{Alle Kosten während der Lebensdauer}}{\text{Ertrag in kWh während der Lebensdauer}}$$

Atomstrom führt die Statistik mit **1 Cent** pro erzeugte Kilowattstunde an. Braunkohle liegt im Bereich von **3–5 Cent**. Windenergie liegt im Bereich von **3–8 Cent**.

Bei Solarstrom hängt es stark von der Anlagengröße ab. Große Photovoltaikparks schaffen es, PV-Strom für **4 Cent** pro erzeugter kWh herzustellen. Private Haushalte liegen im Bereich von **7–10 Cent**.

Bedeutet das, dass privater Solarstrom bis zu zehnmalso teuer ist wie Atomstrom?

Nein, keinesfalls. Denn was bei diesen Betrachtungen häufig vergessen wird, sind die **externen Kosten**. Bei Atomstrom sind das beispielsweise die Kosten für den Bau des Reaktors oder die Endlagerung. Diese allein liegen bei über 20 Cent pro Kilowattstunde, bei neuen Reaktoren ergeben sich Preise von über 50 Cent pro kWh.

Bei fossilen Brennstoffen wie Kohle oder Gas kommen zusätzlich die Kosten für die Umweltschäden hinzu. Das Umweltbundesamt geht von Folgekosten, die durch ausgestoßenes CO_2 verursacht werden, von über 200 € pro Tonne CO_2 aus.

Umgerechnet auf eine erzeugte kWh sind das ebenfalls über 20 Cent. Neuerrichtete Kohlekraftwerke haben, ähnlich wie Atomkraftwerke, Stromgestehungskosten von über 50 Cent pro kWh.

Diese Folgekosten bezahlen nicht die Unternehmen, sondern der Steuerzahler durch Ernteausfälle, Überflutungen oder Technologien zur Säuberung der Luft. Zusätzlich ist anzumerken, dass genau diese Konzerne lange Zeit von der deutschen Bundesregierung subventioniert wurden, es teilweise noch werden, oder für die frühzeitige Schließung, beispielsweise von Atomreaktoren, Abfindungen in Milliardenhöhe gezahlt wurden.

Zusammenfassend lässt sich festhalten, dass erneuerbare Energie gesamtheitlich betrachtet schon heute die günstigste Möglichkeit sind, elektrische Energie zu erzeugen. Zukünftig werden die Kosten weiter sinken.

Um beurteilen zu können, ob sich eine private Solaranlage unter wirtschaftlichen Aspekten rentiert, muss zunächst geklärt werden, was die Erwartungen an die PV-Anlage sind.

Wird die Solaranlage als Alternative zum Sparbuch gesehen, als sichere Kapitalanlage, oder steht der maximale Profit im Verhältnis zum eingesetzten Kapital im Vordergrund? Es gibt viele Dinge im Leben, die nicht rein aus Rentabilitätsaspekten gesehen werden können: der Unterhalt eines Autos, der jährliche Urlaub in den Süden, oder ein Haus, welches größer ist, als das minimal notwendige. All das sind subjektive Faktoren, und so verhält es sich auch mit der Anschaffung einer Photovoltaikanlage.

Es gibt Faktoren wie Unabhängigkeit, Freiheit oder Sicherheit, die eine Solaranlage ermöglichen, denen jeder ein persönliches Preisschild zuordnen muss.

Dennoch lassen wir diese individuellen Aspekte im Folgenden außen vor und fokussieren uns auf eine rein mathematische Betrachtung. Man muss jedoch im Kopf behalten, dass eine Solaranlage neben den reinen Renditen noch weitere nicht monetäre Aspekte bieten kann.

8.2 Preisentwicklung der letzten Jahre

Seit dem Jahr 2023 wird für Photovoltaikanlagen und alle damit verbundenen Leistungen ein ermäßigter Mehrwertsteuersatz von 0 % (Null) erhoben. Das bedeutet, dass es sich bei den folgenden Werten um Brutto=Nettobeträge handelt. Bis zum Jahr 2023 musste man die Umsatzsteuer vorstrecken und konnte sie sich im Rahmen einer Umsatzsteuervoranmeldung vom Finanzamt rückerstatten lassen.

Die Preise für Photovoltaikanlagen ohne Speicher werden häufig in **Euro pro installierte Leistung in kWp,** abgekürzt mit **€/kWp** angegeben.

Im Jahr 2000 musste man noch über 6.000 € pro installierter kWp bezahlen. Das bedeutet: Eine 3 kWp Anlage kostete damals rund 18.000 €. Seitdem sind die Preise drastisch gefallen.

Für eine kleine Anlage bis circa 7 kWp Leistung muss man heutzutage noch circa **1.400 €** pro kWp ausgeben. Für eine mittlere Anlage, im Bereich von 7–20 kWp, wie sie bei einer Vollbestückung eines Einfamiliendaches eingesetzt werden kann, sind es rund **1.200 €** pro kWp. Große Solarparks sind mittlerweile schon weit unter der **1.000 €** Grenze. Durch die großen Stückzahlen sind die Preise dort bei **800 € pro kWp** und weniger.

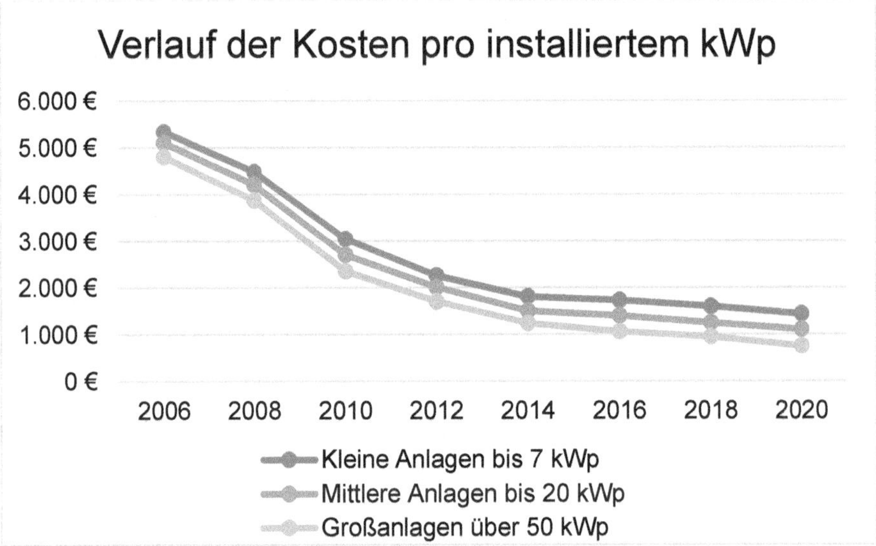

Abbildung 52 Kosten pro kWp seit 2006

Zu beachten ist, dass die Preise rapide fallen. Seit 2006 sind diese um über 70 % gesunken, seit dem Jahr 2000 um über 80 %.

Jedoch ist weiterhin zu beobachten, dass die Preise seit der Coronapandemie und dem Russland-Ukraine-Konflikt stagnieren, teilweise sogar wieder stark steigen. Das liegt vorwiegend an gestörten Lieferketten und der Rohstoffknappheit, welche sich in den nächsten Jahren wieder entspannen wird. Zudem steigerte der Wunsch nach Unabhängigkeit durch den Krieg in Europa auch die Nachfrage enorm. Experten gehen von Preisen von unter 1.000 € pro kWp für private Anlagen bis in das Jahr 2025 aus.

Bisher haben wir uns den gesamten Preis für eine installiere Anlage angeschaut.

Dabei setzt sich der Preis aus vielen Komponenten zusammen. Rund 40 % des Preises lassen sich auf die Module zurückführen. Der Wechselrichter ist dabei mit knapp 30 % zu veranschlagen. Kabel, Montage und Schutzeinrichtungen übernehmen die restlichen 30 %.

Neben den Preisen für die Photovoltaikanlage sind auch die Anschaffungskosten für einen Speicher in den vergangenen Jahren enorm gesunken. Momentan sind Preise im Bereich von 600 € bis 1.000 € pro nutzbarer kWh inklusive Montage üblich. Die Varianz liegt dabei primär in der Größe des Speichers.

Denn Kosten für den Einbau des Speichers liegen im Bereich von 1.000 € bis 2.500 €. Diese Kosten fallen bei kleinen Speichern deutlich stärker ins Gewicht als bei großen Speicheranlagen.

Dabei richtet sich der Preis hauptsächlich nach der Technologie, der Langlebigkeit bzw. der maximalen Zyklenzahl und zusätzlichen Erweiterungen, wie eine Überwachung, smarte Schnittstellen oder Ähnlichem.

Bei den Speichern geht man zukünftig von einer noch deutlicheren Preissenkung aus als bei den Photovoltaikmodulen.

8.3 Rentabilität durch Einspeisevergütung

Die Solaranlage auf dem heimischen Dach spart durch zwei Arten Geld ein.

Zum einen reduziert sie den Strombezug aus dem Netz, zum anderen kann der überschüssige Strom verkauft werden.

Im Jahr 2000 erhielt man noch knapp 60 Cent pro eingespeister Kilowattstunde Solarstrom in das öffentliche Stromnetz. Bei Strompreisen von damalig unter 15 ct/kWh war es deutlich lukrativer den Strom einzuspeisen, als ihn selbst zu verbrauchen. Diese Anlagen wurden als **volleinspeisende Anlagen** bezeichnet. Der Sinn dahinter war die Technologie zu fördern und diese gesellschaftsfähig zu machen.

Seither sinkt die Einspeisevergütung regelmäßig. Im Jahr 2022 lag sie bei unter 7 Cent pro eingespeister Kilowattstunde. Da in diesem Jahr gleichzeitig die Preise für Photovoltaikanlagen deutlich gestiegen sind, hat sich die Regierung entschlossen, die Einspeisevergütungen anzupassen, um Photovoltaikanlagen zu fördern. Die aktuellen Einspeisevergütungen richten sich dabei nach der Größe der Anlage und ob der Strom auch zum Teil zur Eigenversorgung verwendet wird, oder nicht. Hintergrund dabei ist, dass die Stromeinsparung beim Eigenverbrauch bereits eine Förderung ist, daher ist die Einspeisevergütung geringer.

Größe der Anlage	Einspeisevergütung pro kWh bei teilweise Eigenverbrauch	Einspeisevergütung pro kWh bei Volleispeisung
Kleiner als 10 kWp	8,6 ct	13,4 ct
Zwischen 10 kWp und 40 kWp	7,5 ct	11,3 ct
Zwischen 40 kWp und 100 kWp	6,2 ct	11,3 ct
Zwischen 100 kWp und 400 kWp	6,2 ct	9,4 ct
Zwischen 400 kWp und 1000 kWp (1 MWp)	6,2 ct	8,1 ct

Ab >100 kW ist die Teilnahme an der Direktvermarktung (sog. „Marktprämienmodell") obligatorisch.

Quelle: Erneuerbare-Energien-Gesetz – EEG 2023 § 48 Solare Strahlungsenergie Stand Q1/2023

Bei den Einspeisevergütungen muss eine Vermarktungsprämie von 0,4 ct/kWh abgezogen werden, dadurch reduziert sich den Betrag, den wir erhalten z. B. bei Selbstnutzung bis 10 kWp auf 8,2 ct/kWh.

Der Fokus dieses Ratgebers liegt auf Eigenheimbesitzer, die den Strom zum Teil selbst verbrauchen. Daher werden die Berechnungen und Beispiele mit den Einspeisevergütungen für den teilweisen Eigenverbrauch berechnet. Für Betreiber von Solarparks oder Vermietern, die den Strom nicht an die Mieter verkaufen können, ist die Volleinspeise-Vergütung zu verwenden.

Ab dem Jahr 2024 werden die Vergütungen um circa 1 ct/kWh reduziert.

Gleichzeitig ist der durchschnittliche Strompreis auf knapp 37 ct/kWh im Jahr 2022 gestiegen. Bei Neuverträgen liegt der Preis auch gerne bei 40–50 ct/kWh (Stand Q1/2023), so dass mittlerweile der Eigenverbrauch deutlich zu fokussieren ist.

Der Strommarkt ist in den vergangenen Jahren durch Krisen und Kriege unberechenbar geworden. Im Jahr 2022 musste die Bundesregierung daher eine Strompreisbremse auf 40 ct/kWh einsetzen. Im Rahmen dieses Ratgebers werden wir mit 40 ct pro netzbezogener Kilowattstunde rechnen. Wenn zukünftig die Strompreisbremse ausgesetzt wird oder die Strompreise gegen allen Erwartungen fallen sollten, müssen die aktuellen Strompreise für eine individuelle Berechnung herangezogen werden.

Jede kWh, die wir selbst verbrauchen und nicht für 40 ct einkaufen müssen, spart uns knapp 40 ct. Da wir die Energie nicht mehr für 8,2-5,8 ct verkaufen können, spart uns jede gespeicherte kWh effektiv 32–34 ct.

Fortan wird mit einer konservativen Ersparnis von 32 ct pro selbstverbrauchter kWh gerechnet.

Obwohl die Einspeisevergütung von maximal 8,2 ct/kWh im ersten Moment nach sehr wenig klingt, kann es dennoch lukrativ sein, zusätzliche Module anzuschaffen, um den zusätzlichen Strom einzuspeisen. Wir sehen uns einige Kalkulationen an, wie rentabel eine Solaranlage bei Volleinspeisung oder Teileinspeisung ist und wann ein Speicher auch wirtschaftlich sinnvoll ist.

Zunächst betrachten wir die Volleinspeisung.

Eine Anlage ist rentabel, wenn die Stromgestehungskosten unter der Einspeisevergütung liegen. Wenn wir für eine kWh lediglich 5 ct Gestehungskosten haben und sie für 8,2 ct verkaufen könnten, würden wir Gewinn machen. Wir haben jedoch bereits gesehen, dass die Stromgestehungskosten nur für große Freiflächenanlagen im Bereich von 4–6 ct liegen. Für private Photovoltaikanlagen liegen die Stromgestehungskosten im Bereich von 8–10 ct. Eine Volleinspeisung ist heutzutage nicht mehr rentabel.

Zu beachten ist, dass die Stromgestehungskosten mit einer Lebensdauer von 20 Jahren gerechnet werden. Wenn die Anlage stattdessen 30 Jahre lang ohne Ausfall funktioniert, sinken die Gestehungskosten entsprechend. Darauf können Investoren jedoch nicht spekulieren.

Die Rentabilität einer Anlage ergibt sich aus der Mischkalkulation aus Einspeisevergütung und der Einsparung der Strombezugskosten. Denn die reine Einspeisung ist nicht mehr lukrativ.

Deshalb schauen wir uns eine Mischkalkulation genauer an.

Zur Vereinfachung rechnen wir das Beispiel mit 1 kWp durch:

In Deutschland können wir pro erzeugtem kWp Leistung mit einem Ertrag von circa 950 kWh bis 1200 kWh rechnen, je nachdem, ob wir uns im Norden oder Süden befinden. Nehmen wir einen konservativen Wert von 1000 kWh pro Jahr und pro 1 kWp Leistung an.

Das bedeutet, dass eine Anlage mit 1 kWp über die Lebenszeit von 20 Jahren circa 20 000 kWh erzeugt. Dabei muss beachtet werden, dass Komponenten wie die Module selbst über 30 Jahre halten, der Wechselrichter jedoch meistens nur 10–15 Jahre.

Für die Investitionskosten nehmen wir 1.200 € pro kWp an.

Über die Laufzeit von 20 Jahren ergeben sich zusätzliche Kosten, beispielsweise Wartungskosten oder Versicherungen von circa 10–20 %. Das ergibt Gesamtkosten von circa 1.400 € pro kWp.

Für den Eigenverbrauch verwenden wir Durchschnittswerte. Der Eigenverbrauch liegt bei kleinen Anlagen bei 30–40 %, bei großen Anlagen bei circa 20 % (ohne Speicher). Wir verwenden einen Durchschnittswert von 25 %.

Wenn man den Strom wie angenommen zu 25 % selbst nutzen kann, entspricht das über die Lebenszeit der Anlage 5000 kWh.

Pro eigengenutzter kWh sparen wir uns 0,4 €, da wir den Strom nicht für 40 Cent zukaufen müssen.

Es ergibt sich eine Ersparnis von 2.000 € pro kWp auf die Laufzeit von 20 Jahren gesehen. Zusätzlich werden die restlichen 15 000 kWh weiterhin für 8,2 Cent verkauft, was 1.230 € ergibt. Dadurch ergibt sich die Mischkalkulation. An dieser einfachen Berechnung sehen wir auch, dass die 5000 kWh Eigenverbrauch eine Einsparung von 2.000 € bedeuten. Die Einspeisung von 15 000 kWh beträgt jedoch nur 1.230 €.

Um die Wirtschaftlichkeit zu erhalten, ziehen wir unsere Kosten für die Anlage von 1.400 € ab. Es ergibt sich ein Profit von 1.830 € über 20 Jahre verteilt. Das entspricht einer linearen, jährlichen Rendite von circa 6,5 % auf das eingesetzte Kapital von 1.400 €.

Das hört sich auf den ersten Blick nicht nach viel an. Wenn wir aber von einer Anlage von 10 kWp ausgehen, ergibt das jedoch bereits einen jährlichen Gewinn bzw. eine Ersparnis von 915 €.

Dabei wurden jedoch keine steigenden Strompreise oder eine Fremdfinanzierung in Betracht gezogen.

Zusätzliche Photovoltaikmodule sind theoretisch dann sinnvoll, wenn die Stromgestehungskosten unter der Einspeisevergütung liegen. Praktisch wäre das **nie** der Fall – wie wir gesehen haben. Jedoch erhöhen zusätzliche Module auch automatisch den Eigenverbrauchsanteil, so dass sie wiederum rentabel sind.

Dieser Sachverhalt hat das Umweltbundesamt ebenfalls in ihrer im Jahr 2021 herausgegebenen Studie festgestellt. Die Einspeisevergütung ist für Volleinspeisung zu gering.

Volleinspeise-Anlagen benötigen einen Aufschlag auf die Vergütungssätze, damit sie wieder wirtschaftlich werden. Die Vergütungssätze müssten bei mittleren Stromgestehungskosten, je nach Anlagenklasse, um 4,1 bis 5,6 ct/kWh höher liegen (Stand April 2021).

Durch die Abschwächung der Einspeisevergütung werden sich immer weniger Anlagen wirtschaftlich rentieren.

Wird die aktuelle monatliche Degression von 1,4 % fortgeschrieben, ist bis spätestens im zweiten Quartal 2022 die Wirtschaftlichkeit für keine der untersuchten Konfigurationen mehr gegeben.

Unter diesen Aspekten müssen sich Speicher doch unglaublich rentieren, schließlich sparen wir pro gespeicherte kWh circa 32 ct – zukünftig noch mehr, oder?

8.4 Speicher Ja oder Nein?

Um bestimmen zu können, ob der Einsatz eines Speichers sinnvoll ist, müssen wir den Begriff *sinnvoll* oder *rentabel* zunächst einmal definieren.

Denn oftmals steht ein begrenztes Budget zur Verfügung, und man steht vor der Frage, ob man **mehr Photovoltaikmodule** auf das Dach montieren, **oder** das zusätzliche Kapital in einen **Speicher** investieren soll.

Dabei muss beachtet werden, dass ein Speicher keine Energie erzeugt, sondern eben nur speichert. Wenn der Strommix zu annähernd 100 % aus erneuerbaren Energien gewonnen wird, macht die Speicherung ökologisch Sinn. Dadurch können Lastspitzen abgepuffert und das Netz stabilisiert werden.

Stand 2021 besteht der Strommix lediglich zu 60 % aus erneuerbaren Energien. Außerdem gibt das Erneuerbare-Energien-Gesetz vor, dass die Netzbetreiber primär Strom aus erneuerbaren Energien abnehmen müssen.

„Netzbetreiber sind verpflichtet, Anlagen zur Erzeugung von Strom aus Erneuerbaren Energien oder aus Grubengas unverzüglich vorrangig an ihr Netz anzuschließen und den gesamten aus diesen Anlagen angebotenen Strom aus Erneuerbaren Energien oder aus Grubengas vorrangig abzunehmen und zu übertragen."

§ 4 - Erneuerbare-Energien-Gesetz (EEG)

Im Umkehrschluss bedeutet das, dass jede eingespeiste kWh erneuerbarer Strom automatisch eine kWh Strom aus Kohle oder Atomkraft verdrängt!

Das bestärkt noch einmal die Aussage, dass es ökologisch gesehen zum heutigen Zeitpunkt am sinnvollsten ist keinen Speicher zu verwenden und stattdessen den absoluten Ertrag so hoch wie nur möglich zu halten.

Konkret bedeutet das, das Kapital nicht in einen Speicher zu stecken, sondern in zusätzliche Photovoltaikmodule und einen stärkeren Wechselrichter zu investieren.

Auch sind andere Investitionen wie ein Elektroauto oder eine Wärmepumpe momentan noch lukrativer und steigern ebenfalls den Autarkiegrad.

In der Zukunft wird sich das ändern, denn wenn immer mehr erneuerbare Energie dem Stromnetz angeschlossen werden, müssen die schwankenden Erträge abgepuffert werden. Jedoch sind auch hier industrielle Großanlagen ökologisch sinnvoller als private Heimspeicher. Denn auch hier treten wiederum Skaleneffekte auf. Ein großer industriell betriebener 1 GWh Speicher ist deutlich ökologischer als 100 000 vereinzelte 10 kWh Speicher.

Dennoch gibt es Gründe für private Heimspeicher. Zum einen der symbolische Grund, dass die Bürger der Politik zeigen, dass Speicher und erneuerbare Energien erwünscht sind. Zum anderen auch monetäre Aspekte, da der Besitzer eines eigenen Batteriespeichers seit Jahren steigende Stromkosten einspart, wie wir schon mehrfach gesehen haben.

Deshalb schauen wir uns noch einmal die konkrete Kalkulation an, unter welchen Umständen sich Stromspeicher lohnen.

Wir haben bereits gesehen, dass jede gespeicherte kWh momentan 32 Cent Kostenvorteil mit sich bringt. Durch steigende Strompreise und die Absenkung der Einspeisevergütung wird dieser Wert zukünftig tendenziell eher steigen als fallen. Dennoch nehmen wir 32 Cent als Vergleichswert für die folgende Berechnung an, da man bei der Kapitalanlage nicht mit steigenden Strompreisen spekulieren sollte.

Im Umkehrschluss bedeutet das, dass die Kosten pro speicherbarer kWh im Lebenszyklus des Batteriespeichers nicht mehr als 32 Cent betragen dürfen.

Die Lebensdauer des Batteriespeichers, mit der wir kalkulieren, ergibt sich aus den Garantiebestimmungen oder aus der maximalen Zyklenzahl des Speichers. Die Lebensdauer wird häufig mit 15 Jahren angenommen. Großflächige Erfahrungswerte fehlen bisher, weil es sich um eine neue Technologie handelt. Einige Speicherhersteller bieten jedoch bereits 10–15 Jahre Garantie an, so dass wir 15 Jahre als Lebensdauer ansetzen können.

Als Beispiel nehmen wir einen Speicher, welcher eine Nettokapazität von 5 kWh aufweist.

Ob der Speicher in seiner Lebenszeit von 15 Jahren wirtschaftlich arbeitet, hängt davon ab, wie viel Energie er in dieser Zeit speichert und wieder abgibt.

Wie oft der Speicher innerhalb eines Jahres geladen und entladen wird, ergibt die Anzahl der **Vollzyklen pro Jahr**. Diese Größe sollte möglichst hoch sein, denn das bedeutet, dass der Speicher häufig verwendet wird.

Wir sehen jedoch auch, dass die Anzahl der Vollzyklen pro Jahr stark von dem Verbrauch, der Größe der PV-Anlage und der Größe des Speichers abhängig ist.

Kleine Speicher haben eine höhere Vollzyklenzahl als große Speicher und sind daher häufig lukrativer.

Für den Speicher von 5 kWh rechnen wir mit 3.500 € inklusive Montage.

Um 3.500 € innerhalb von 15 Jahren sparen zu können, muss der Speicher $\frac{3.500\,€}{32\frac{ct}{kWh}} \approx 11\,000\ kWh$ speichern. Das bedeutet, er muss jährlich knapp 730 kWh speichern. Bei einer Speicherkapazität von 5 kWh entspricht das

$$\frac{730\ kWh}{5\ kWh} = 145\ Vollzyklen$$

Ob der Speicher 145-mal pro Jahr geladen und entladen werden kann, hängt wiederum von den Gegebenheiten ab. Wenn man lediglich einen Jahresverbrauch von beispielsweise 3000 kWh hat, ist es schwieriger, 730 kWh zu speichern, als wenn man beispielsweise einen jährlichen Stromverbrauch von 6000 kWh besitzt. In der Praxis wird ein kleiner Speicher abhängig vom Lastprofil circa **200 bis 250–mal pro Jahr geladen** und entladen, größere Speicher seltener. Im obigen Beispiel wäre der Speicher sehr wahrscheinlich lukrativ. Dabei ist der Preis mit 700 € pro kWh für einen verhältnismäßig kleinen Speicher günstig angesetzt.

Außerdem gilt es wieder zu beachten, ob es nicht sinnvollere Alternativen, beispielsweise eine Wärmepumpe, gibt.

Das Problem bei der Speicherauslegung ist, dass die Anzahl der Zyklen pro Jahr und die Lebenszeit direkt in die Berechnung der Rentabilität miteingeht. Hierbei gibt es wenige Erfahrungswerte. Wenn der Speicher statt der Garantiezeit von 15 Jahren zusätzlich 5 Jahre arbeitet, also insgesamt 20 Jahre, dann würde er sich sehr wahrscheinlich lohnen.

Dabei wurde auf der einen Seite die Degradation der Speicherkapazität vernachlässigt, auf der anderen Seite jedoch auch potenziell steigende Strompreise.

Man kann also nicht pauschal sagen, ob sich ein Speicher lohnt oder nicht. Mit sinkenden Preisen der Speicher, sinkender Einspeisevergütung und zunehmenden Stromkosten wird ein Speicher immer schneller rentabel, jedoch muss man die Rentabilität an einem konkreten Angebot und einem konkreten Speichertyp durchrechnen.

Pauschal lässt sich jedoch festhalten, dass die Amortisationszeit durch einen Speicher in der Regel erhöht wird. Das bedeutet nicht, dass sich ein Speicher nicht rentiert, jedoch muss man berechnen, ob es sich beim gleichen Kapitaleinsatz mehr rentiert, zusätzliche Module statt einen Speicher zu verwenden.

Tendenziell ist das Dilemma, dass sich kleinere Speicher im Bereich 2–6 kWh theoretisch schneller rentieren als große Speicher. Der Grund liegt wie bereits angesprochen in der Anzahl der Zyklen, die ein Speicher pro Jahr geladen und entladen werden kann.

Jedoch sind die Montagekosten bei beiden Systemen gleich. Deshalb kosten kleine Speicher prozentual mehr, weshalb dieser Vorteil in der Praxis oftmals nicht zutrifft. Ein weiterer Grund für die Notwendigkeit eines Speichers kann der Wunsch nach einer Notstromversorgung sein.

8.5 Notstrom

Oftmals wird das Argument angebracht, dass der Speicher das Haus im Falle eines Stromausfalls versorgen solle. Gründe dafür kann eine ländliche Lage mit regelmäßigen Stromausfällen sein. Die Angst vor einem deutschen oder europäischen „Black-Out", also einem Zusammenbruch des Stromnetzes, kann ebenfalls den Wunsch nach Notstrom begründen – auch wenn die Gefahr statistisch gesehen sehr gering ist, wie wir bereits im Aufbau des Stromnetzes sahen.

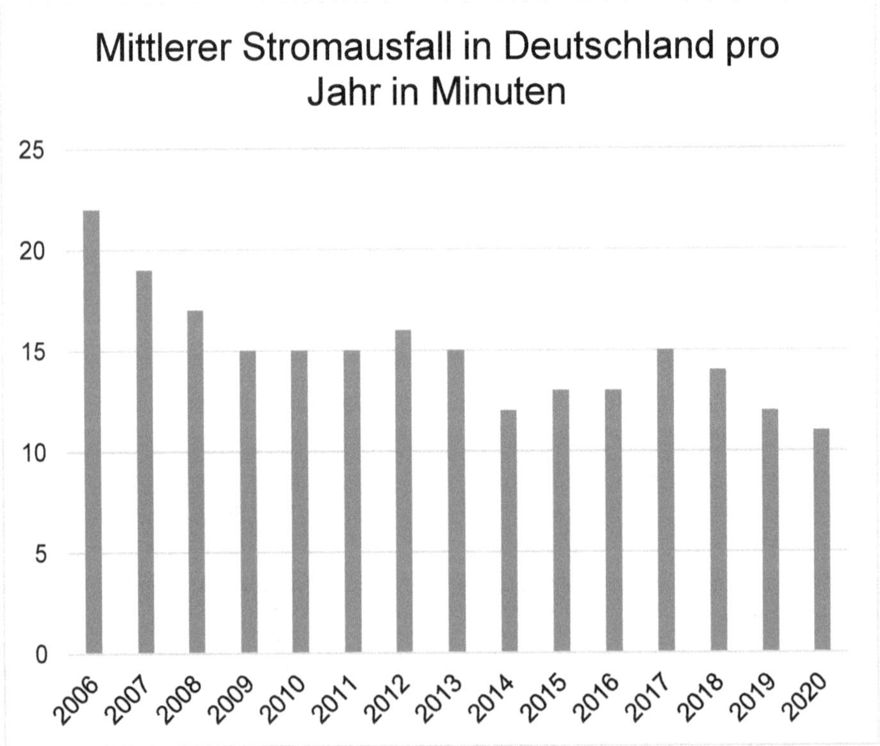

Abbildung 53 Durchschnittlicher Stromausfall seit 2006

In beiden Fällen ist der Mehrpreis für den Speicher rein wirtschaftlich **nicht rentabel**, jedoch lässt sich der Mehrkomfort der kontinuierlichen Stromversorgung nicht in Geld abschätzen. Bei diesen Umständen muss man jedoch darauf achten, dass sowohl der Speicher als auch der Wechselrichter **notstromfähig** sind.

Das bedeutet, dass die Geräte den Stromausfall innerhalb weniger Millisekunden erkennen und ein eigenes Netz aufbauen können. Gewöhnliche Wechselrichter synchronisieren sich auf das öffentliche Stromnetz und können kein eigenes Stromnetz aufspannen.

Oftmals ist der Mehrpreis auch hier relativ hoch. Außerdem muss man das „Glück" haben, dass der Stromausfall genau in dem Moment eintritt, wenn der Speicher vollgeladen ist.

Alternativ müsste man den Speicher vollkommen überdimensionieren, so dass beispielsweise zu jedem Zeitpunkt 5 kWh Reserve im Speicher sind. Aus Kosten-, Ökologie- und Rentabilitätspunkten ist das absichtliche Überdimensionieren eines Solarspeichers nicht sinnvoll, um sich auf einen Blackout vorzubereiten oder langanhaltende Netzausfälle zu überbrücken.

Für solche Einsatzbereiche werden stattdessen Notstromgeneratoren oder für einzelne Geräte unterbrechungsfreie Stromversorgungen, kurz USVs, verwendet.

Zusammenfassend kann man zum heutigen Stand sagen, dass sich in der Regel nur sehr kleine Speicher rentieren. Als *klein* ist ein Speicher im Bereich von 0,5 bis maximal 1 kWh pro 1000 kWh Jahresverbrauch gemeint. Dieser wird im Jahresmittel häufig geladen und entladen.

Große Speicher sind oftmals unrentabel. Vor allem Speicher mit 1,5–2 kWh pro 1000 kWh Jahresverbrauch amortisieren sich meist nie.

Auch für die Gefahr eines Blackouts oder längeren Netzzusammenbrüchen sind kostengünstigere und praktikablere Lösungen vorhanden, als ein überdimensionierter Speicher.

Der wirtschaftliche Aspekt eines Speichers kann sich jedoch durch Anreize und Förderungen ändern. Teilweise wurden oder werden Speicher immer noch mit Zuschüssen bis zu 60 % gefördert. Bei Zuschüssen in dieser Höhe kann sich ein Speicher selbstverständlich wirtschaftlich rentieren. Konkrete Förderungen werden wir noch bei der Umsetzung, den Rechten und Pflichten kennenlernen.

Es müssen die Kosten im Auge behalten werden. Sinken die Preise für Speicher zukünftig deutlich oder steigt der Strompreis weiter rasant an, verschiebt sich der Amortisationszeitpunkt des Speichers gegeben falls ins Positive. Dann kann auch ein großer Speicher schnell wirtschaftlich werden. Ein Speicher ist daher auch als eine Art Versicherung gegen steigende Strompreise zu verstehen.

Als Letztes betrachten wir noch die Frage, welche Dachausrichtung am rentabelsten ist und ob sich die PV-Anlage überhaupt rentiert.

8.6 Optimale Dachausrichtung

Wenn man gefragt wird, welche Dachausrichtung optimal für die Rentabilität der Photovoltaikanlage geeignet ist, würde man von einer reinen Südausrichtung ausgehen. Dort ist die Globalstrahlung am höchsten, und die Anlage produziert am meisten kWh pro Jahr.

Das ist auch vollkommen korrekt, jedoch haben wir gesehen, dass die Rentabilität nicht vom absoluten Ertrag abhängt, sondern primär von der **Eigenverbrauchsquote**.

Bei einem Dach mit reiner Südausrichtung wird in den Morgen- und Abendstunden kaum Energie gewonnen. Morgens und abends muss der Strom teuer zugekauft werden.

In den Mittagsstunden, in welchen der Strom nicht benötigt wird, wird umso mehr produziert. Dadurch ergibt sich mittags ein enormer Überschuss, welcher für wenig Geld ins öffentliche Stromnetz eingespeist wird.

Anders sieht es jedoch bei einem Ost-West-Dach aus. Bei gleicher installierter Leistung ist der geschätzte Jahresertrag um circa **10 % geringer** als bei einer reinen Südausrichtung, weil die Leistung in den Mittagsstunden geringer ist.

Dafür kann sowohl in den Morgen- als auch in den Abendstunden deutlich mehr Energie erzeugt werden. Über den Tag verteilt kann durch diesen Effekt der Eigenverbrauchsanteil erhöht werden.

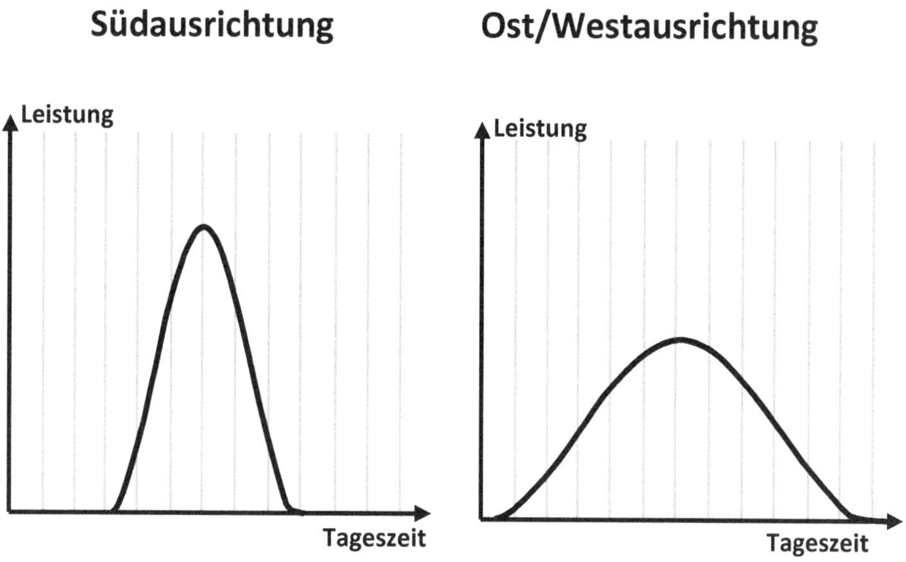

Abbildung 54 Leistungsverlauf verschiedener Dachausrichtungen

Da die Rentabilität vor allem durch den Eigenverbrauch entsteht, ist daher ein Ost-West-Dach rentabler als ein reines Süd-Dach.

Das bedeutet wiederum nicht, dass ein Süd-Dach oder sogar ein Nord-Dach unrentabel ist. Wie wir gesehen haben, kann bereits ein kleiner Speicher die Mittagsspitzen effektiv puffern und somit ebenfalls den Eigenverbrauchsanteil erhöhen. Das Beispiel zeigt nur, dass quasi alle Dachausrichtungen rentabel sind. Süddächer für den maximalen Ertrag und Ost- und Westdächer für eine bessere Eigennutzung. Selbst flache Nord-Dächer bis circa 25° sind mit 70–80 % Ertrag noch rentabel.

Als Nächstes schauen wir uns ein finanzmathematisches Vehicle an, welches von Investoren und Eigenheimbesitzern verwendet wird und die Eigenkapitalrendite deutlich erhöhen kann. Die Rede ist von der Finanzierung einer Solaranlage.

8.7 Kalkulation bei Fremdfinanzierung

Nicht jeder kann oder möchte 10.000 €, 20.000 € oder gar 30.000 € für eine Photovoltaikanlage inklusive Batteriespeicher ausgeben. Für die Photovoltaikanlage eines Einfamilienhauses liegt man jedoch schnell in diesen Größenordnungen.

Deshalb schauen wir uns einmal die Möglichkeiten an, welche durch eine Kreditfinanzierung, wie es beispielsweise das *KfW* anbietet, möglich ist.

Kredite für Solaranlage sind gern gesehen. Die Banken wissen, dass die Einspeisevergütung und die Stromersparnis garantiert sind. Außerdem haben alle Teile wie die Module, die Wechselrichter oder die Schutzschaltungen mindestens 10, teilweise über 20 Jahre Garantie.

Deshalb bieten Banken, zusätzlich zu den staatlichen Förderungen, oftmals gute Konditionen für Kredite für Photovoltaikanlagen an. Je nach Bonität des Kreditnehmers vergeben sie in Verbindung mit der *Kreditanstalt für Wiederaufbau* Kredite mit weit unter 4 % Zinsen. Die KfW hat speziell für das Thema erneuerbare Energie ein Programm aufgesetzt, den ***Erneuerbaren Energien Standard 270***.

Die Zinssätze für das KfW Programm 270 ändert sich wöchentlich! Vor dem Anstieg der Zinsen im Jahr 2022 lagen die Zinssätze bei unter 2 %. Mittlerweile (Q1/2023) liegen die Zinssätze bei circa 4 %. Die aktuellen Zinssätze sind auf der Homepage der KfW unter dem Programm 270 einzusehen.

Wenn wir einen Kredit zur Finanzierung der Photovoltaikanlage aufnehmen, müssen wir kein eigenes Geld für die Anschaffung ausgeben. Lediglich die Zinsen, Tilgung und Wartungskosten müssen übernommen werden.

Jedoch erwirtschaftet die Solaranlage jedes Jahr Profite in Form von Stromersparnis, welche die Kosten decken.

Effektiv bedeutet das, dass man die Solaranlage zwar abbezahlt, jedoch dafür die Stromkosten spart, welche man ansonsten gezahlt hätte. Schlussendlich zahlt sich die Solaranlage von selbst ab. Wenn der Kredit nach 10 oder 20 Jahren vollständig zurückgezahlt wurde, erwirtschaftet die Anlage im besten Fall weiterhin Gewinn.

Gehen wir beispielsweise davon aus, dass ein kWp Leistung 1.200 € kostet und 1000 kWh pro Jahr erzeugt. Von diesen 1000 kWh können wir ohne Speicher 25 % selbst nutzen und sparen dabei 40 Cent pro kWh.

Die restlichen 750 kWh werden für 8,2 Cent pro kWh ins öffentliche Stromnetz eingespeist.

Dafür nehmen wir einen Kredit von 1.400 € für die Anlage und Wartungskosten auf. Zinsen zahlen wir dabei 4 % sowie 5 % Tilgung, was einer jährlichen Rate von 126 € entspricht.

Die Anlage erwirtschaftet jedoch pro Jahr eine Stromersparnis von $0{,}4 \frac{€}{kWh} \cdot 250\, kWh = 100\, €$

sowie Einspeisevergütungen von

$$0{,}082 \frac{€}{kWh} \cdot 750\, kWh = \mathbf{61{,}5}\, €$$

$d.h.$ $\mathbf{161{,}5}$ € gesamt.

Dass bedeutet, dass ein fiktiver, jährlicher Überschuss von 35,50 €übrig bleibt. Und das, obwohl sich die Solaranlage gleichzeitig innerhalb der nächsten 20 Jahre selbst abbezahlt. Und dabei musste kein eigenes Geld eingesetzt werden.

Und wie bereits erwähnt wurde, sind aktuelle Förderungen oder direkte Zuschüsse noch nicht eingepreist.

Durch diesen Fremdkapitalhebel können lukrative Projekte finanziert werden, weshalb sich eine Finanzierung in den meisten Fällen lohnt, sowohl für den eigenen Geldbeutel und die Hausbank als auch für die Umwelt.

Der einzige Wermutstropfen ist die Umsetzung. Den Antrag einer KfW-Förderung muss eine Hausbank einreichen. Diese verdienen jedoch sehr wenig daran und sind daher nicht immer gewillt das zu tun. Oftmals benötigt man mehrere Anläufe bei verschiedenen Banken, bis man eine passende Bank gefunden hat.

Bevor wir zur Umsetzung kommen, schauen wir uns noch die Rahmenbedingungen an, die es bei der Planung und Installation einer PV-Anlage zu beachten gilt. Vor allem im Bürokratie-Staat Deutschland dürfen diese nicht vernachlässigt werden.

9 Rahmenbedingungen

Nachdem wir die benötigten Komponenten und die theoretischen Hintergründe kennengelernt haben, beginnen wir mit der konkreten Umsetzung. Dabei schauen wir uns zunächst an, an welche Richtlinien wir uns halten müssen und welche staatlichen Förderungen möglich sind.

Die folgenden Unterkapitel fokussieren sich vor allem auf die Errichtung einer privaten Photovoltaikanlage, welche auf einem Hausdach installiert wird und ins öffentliche Stromnetz einspeist. Für Freiflächen- oder Inselanlagen gelten zusätzliche oder weniger Vorschriften.

9.1 Normen und Vorschriften

Der Bau einer Photovoltaikanlage stellt eine bauliche Veränderung dar – egal, ob sie auf das Dach eines Ein- oder Mehrfamilienhauses installiert wird, ob eine Garage oder das Gartenhaus bedeckt wird. Bei all diesen baulichen Veränderungen muss das Baurecht berücksichtigt werden. Das Baurecht wird nicht bundesweit geregelt, sondern von den einzelnen Bundesländern.

Deshalb ist die Bauverordnung für eine Photovoltaikanlage ebenfalls nicht einheitlich geregelt. Generell kann man jedoch festhalten, dass keine zusätzliche Baugenehmigung eingeholt werden muss, um die Photovoltaikanlage auf **gewöhnlichen Flächen** zu installieren.

Mit gewöhnlichen Flächen ist ein Hausdach oder eine Fassade gemeint. Dennoch sollte man sich im jeweiligen Bundesland informieren, welche Ausnahmen es gibt, bei denen doch eine Baugenehmigung eingeholt werden muss. Eine solche Ausnahme kann beispielsweise eine denkmalgeschützte Immobilie sein.

Generell sind die meisten Bauämter jedoch sehr affin im Hinblick auf Photovoltaik. Ein Verbot einer Photovoltaikanlage kommt nur in Ausnahmefällen vor – zumindest bei den beschriebenen gewöhnlichen Flächen.

Eine Acker- oder Grünfläche fällt beispielsweise nicht unter diese Kategorie. Das bedeutet jedoch nicht, dass man sich beispielsweise keine Photovoltaik-Module in den Garten bauen darf. Die Grenze, unterhalb derer man keine Genehmigung benötigt, liegt aktuell bei **drei Metern** in der Höhe und **neun Metern** in der Länge. Auch hier gilt es, sich nach den aktuellen Zahlen zu informieren.

Bei der Planung einer Großanlage oder dem Betreiben eines Mikro-Solarparks auf einer Ackerfläche muss zuvor eine Genehmigung eingeholt werden.

Neben den Genehmigungen müssen auch die Module, Wechselrichter und weiteren Komponenten heutigen Qualitäts- und Sicherheitsstandards entsprechen.

Der Verband der Elektrotechnik Elektronik Informationstechnik e. V., abgekürzt **VDE**, ist ein Verein, welcher 1893 unter dem Namen *Verband Deutscher Elektrotechniker* gegründet wurde.

Der Verein hat das Ziel, sichere Normen und einheitliche Richtlinien herauszugeben, um den Umgang mit elektrischen Betriebsmitteln sicherer zu gestalten und ein gewisses Maß an Mindestqualität sicherzustellen.

Dafür gibt der VDE **Normen** heraus. Eine davon haben wir bereits kennengelernt, und zwar die einheitliche Farbe des Kabels beim Drehstromnetz (Neutralleiter blau, PE Leiter gelb/grün, etc ...).

Diese Normen stellen **kein** geltendes Gesetz dar, jedoch verwenden auch Richter die Normen zur Urteilsfindung bei Streitfällen. Wenn man sich bei der Verkabelung des Hauses nicht an die Vorgaben gehalten hat und ein Unfall geschieht, sehen die Chancen, Recht zugesprochen zu bekommen, sehr schlecht aus.

Aus diesen Gründen ist es obligatorisch, ausschließlich Komponenten zu verbauen, die den gängigen VDE-Normen entsprechen bzw. von dem VDE zertifiziert sind. Dadurch ist ein Mindestmaß an Qualität sichergestellt. Außerdem erspart man sich dadurch den Zwang einer zusätzlichen Baugenehmigung. Denn Module, die eine CE-Kennzeichnung besitzen sowie einige **DIN-Normen** erfüllen (DIN EN 61215, DIN EN 61464 etc.), dürfen grundsätzlich ohne zusätzliche Nachweise verwendet werden.

Neben den Normen, welche es zu beachten gibt, sind auch Bauregelungen für die Installation der Module vorgeschrieben.

Generell darf ein einzelnes Modul beispielsweise nicht größer als zwei Quadratmeter groß sein oder an einem Dach mit einer Dachneigung von mehr als 75° angebracht werden.

Diese und viele weitere Regelungen sind in der Bauregelliste vom Deutschen Institut für Baurecht, kurz **DIBt**, niedergeschrieben.

Unter www.dibt.de können Hersteller eine baurechtliche Genehmigung anfragen, welche meistens für mehrere Jahre erteilt wird.

Wenn dem Bau der Anlage aus baurechtlicher Sicht nichts im Wege steht, muss man die geplante PV-Anlage beim Energieversorger anmelden. Dabei handelt es sich nicht um eine Genehmigung, da der Energiebetreiber die Anlage nicht verbieten kann.

Die Anmeldung der PV-Anlage beim Stromnetzbetreiber muss durch einen Elektroinstallateur eingereicht werden. Dieser muss ebenfalls bei der Inbetriebnahme der Anlage vorhanden sein. Zusätzlich entsendet der Energieversorger einen Mitarbeiter, der ebenfalls bei der Inbetriebnahme der Anlage vor Ort ist.

Der Energieversorger ist dabei gesetzlich durch das Erneuerbare Energien Gesetz verpflichtet, den eingespeisten Strom abzunehmen und ihn mit der Einspeisevergütung zu vergüten.

Die Organisation und Abstimmung mit dem Netzbetreiber übernimmt auch hier meistens der Solarinstallationsbetrieb.

Neben dem Einhalten der Norm müssen bei einer Installation einer PV-Anlage weiterhin die Stromzähler ausgetauscht werden.

9.2 Stromzähler

Stromzähler kennt jeder, denn sie sind in jedem Haus oder jeder Wohneinheit verbaut. Der Stromverbrauch wird einmal jährlich abgelesen oder per Mail oder Post an den Energieversorger übermittelt.

Wenn man eine Photovoltaikanlage betreibt und Strom ins Netz einspeist, reicht ein einziger Zähler in vielen Fällen nicht mehr aus. Oftmals müssen auch alte, analoge Zähler ausgetauscht werden.

Zunächst schauen wir uns die Notwendigkeit der verschiedenen Stromzähler an. Dabei unterscheidet man die Bezeichnung der Zähler anhand ihrer Funktion.

Der **Bezugszähler** ist der Zähler, wie wir ihn kennen und auch in Häusern ohne PV-Anlage verbaut ist. Er zählt den Netzbezug, also wie viele kWh wir pro Jahr vom Energieversorger beanspruchen.

Der Zähler muss vom Netzbetreiber gemietet werden. Die Miete wird indirekt über die Stromkosten gedeckt.

Wenn wir eine Photovoltaikanlage installieren und Energie in das Stromnetz zurückeinspeisen, können wir nicht denselben Zähler verwenden, denn wie wir bereits gesehen haben, erhalten wir für eingespeisten Strom deutlich weniger Erstattung im Vergleich zum bezogenen Strom.

Der **Einspeisezähler** kann selbst besorgt werden oder vom Netzbetreiber gemietet werden. Die Kosten liegen bei circa 40 € pro Jahr. Wenn man den Zähler selbst besorgt, muss auf eine korrekte Eichung geachtet werden. Außerdem übernimmt man die Haftung bei einem Defekt. Wenn der Zähler nicht korrekt funktioniert, kann die Einspeisevergütung gestrichen werden.

Sowohl der Einspeisezähler als auch der Bezugszähler dürfen dabei nur in eine Richtung funktionieren und benötigen daher eine **Rücklaufsperre**.

Analoge Zähler mit einer Drehscheibe, wie sie in Altbauten zu finden sind, besitzen keine Rücklaufsperre und müssen deshalb vor der Inbetriebnahme der Anlage gegen aktuelle digitale Zähler ausgetauscht werden.

Alternativ zum Einspeise- und Bezugszähler vereint ein **Zweirichtungszähler** beide Funktionen in einem Gerät. Ein Zweirichtungszähler ist kompakter als die beiden einzelnen Geräte. Die Miete beim Netzbetreiber liegt bei 40–80 €.
Wenn man einen Wechselrichter verwendet, welcher lediglich an einer Phase angebunden ist, ist darauf zu achten, dass es sich beim Zähler um einen **saldierenden** Zähler handelt. Das bedeutet, dass der Zähler den Strombedarf der drei Phasen im Hausnetz zusammenrechnet und nicht einzeln abbucht. Ansonsten könnte man den Solarstrom nur für eine Phase und damit nur einen Teil des Hauses nutzen.
Als Letztes benötigen wir einen weiteren Zähler, um den Ertrag der Anlage zu bestimmen. Ein sogenannter **Ertragszähler** wird nach dem Wechselrichter geschaltet und misst den Ertrag der Photovoltaikanlage. Durch die Differenz aus Ertrag und Einspeisung kann der Eigenverbrauch berechnet werden. Das ist ebenfalls für steuerliche Gründe wichtig.

Die meisten modernen Wechselrichter besitzen einen integrierten, geeichten Zähler, so dass oftmals kein zusätzlicher Erzeugerzähler notwendig ist. Bei größeren Solaranlagen kann jedoch noch ein zusätzlicher Erzeugerzähler notwendig sein.

Bei allen Zählertypen ist es aktuell noch notwendig, dass entweder ein Mitarbeiter des Netzbetreibers den Stromverbrauch vor Ort abliest oder die Werte vom Verbraucher übermittelt werden müssen. Dem soll zukünftig Abhilfe geschaffen werden, indem ein smartes Messsystem, ein sogenanntes *Smart Meter Gateway* bzw. *Smart Meter*, eingesetzt wird. Das Smart Meter wird an das Internet angeschlossen und übermittelt die Daten in verschlüsselter Form direkt an den Netzbetreiber. Jedes Smart Meter Gateway wird vom Bundesamt für Sicherheit in der Informationstechnik geprüft und verifiziert.
Außerdem sind Smart Meter häufig intelligente Systeme, welche mit *Smart Home* Geräten kompatibel sind. So kann das Smart Meter den Verbrauch des Hauses an die Erzeugung anpassen. Der Netzbetreiber kann ebenfalls in Notfällen, beispielsweise bei Last- oder Erzeugungsspitzen, auf die PV-Anlage zugreifen.

Die Verwendung eines Smart Meters ist bereits heute ab einem Verbrauch von 6000 kWh obligatorisch. Zukünftig werden vermehrt Smart Meter eingesetzt. Suboptimal ist jedoch noch die Umsetzung. Denn der Verbraucher hat oftmals nicht die Wahl, ob er die Technik verwenden möchte, die Kosten werden aber dennoch auf den Verbraucher umgelegt. Die Miete eines Smart Meters liegt im Bereich von 100 € pro Jahr, die Kosten beim Kauf im Bereich ab 500 €.

Das Smart Meter hat jedoch auch viele Vorteile, so dass sich der Einbau oftmals auch lohnt, wie wir in späteren Kapiteln noch sehen werden.

Zusätzlich zu den Vorschriften müssen wir uns auch mit dem Netzbetreiber abstimmen.

9.3 Vorgaben vom Netzbetreiber

Als weiterer Punkt der Vorschriften, welcher vor der konkreten Umsetzung stattfinden muss, ist zu prüfen, ob die Anlage problemlos an das öffentliche Stromnetz angeschlossen werden kann. Generell können Anlagen bis zu einer Größe von 30 kWp an das Stromnetz angeschlossen werden, jedoch kann es bei bestimmten Gegebenheiten dazu kommen, dass der Netzbetreiber nur kleinere Anlagen genehmigt.

Obwohl der Netzbetreiber dazu verpflichtet ist, die erneuerbare Energie voranzutreiben, liegt ein **Interessenskonflikt** vor. Diesen Sachverhalt gilt es zu verstehen, um eventuelle Konflikte absehen zu können.

Jede Solaranlage, die erbaut wird und dadurch einen Teil an Eigenverbrauch ermöglicht, bedeutet im Umkehrschluss, dass der Netzbetreiber **keine Gebühren** für die Instandhaltung und Bereitstellung des Netzes verlangen kann. Wie wir später noch sehen werden, besteht der heutige Strompreis jedoch zu 25 % aus Abgaben an den Netzbetreiber. Es ist daher nicht im Sinne des Netzbetreibers, die erneuerbaren Energien voranzutreiben.

Das erklärt auch, warum Netzbetreiber Photovoltaikanlagen tendenziell ablehnen, wenn eine rechtliche Grundlage dafür vorhanden ist - auch wenn die technischen Gegebenheiten vorhanden wären.

So hat der Netzbetreiber nach Antragstellung bis zu 30 Tage Zeit, einen Plan für den Anschluss ans Stromnetz zu übermitteln und anschließend weitere Informationen, wie die Kosten eines Netzanschlusses, zu übermitteln.

In der Realität kommt es jedoch häufiger vor, dass die Informationen erst deutlich später oder gar nicht bereitgestellt werden. Anlagen bis zu einer Größe von 10,8 kWh dürfen dann angeschlossen werden, wenn der Netzbetreiber die 30-Tage-Fristnicht eingehalten hat. Bei größeren Anlagen muss man weiter nachfragen, kann sich jedoch die verpasste Einspeisevergütung durch das spätere Anschließen der Anlage an das Stromnetz vom Netzbetreiber erstatten lassen.

In jedem Fall sollte man sich gedanklich auf lange Fristen und eventuelle Komplikationen vorbereiten.

Eine weitere Vorgabe des Netzbetreibers, die man bei der Anschaffung einer Anlage beachten muss, ist die **70 % Regelung.**

Mit Eintreten des EEG 2023 wurde die 70 % Grenze für Anlagen mit einer Leistung von kleiner als 30 kWp aufgehoben. Eine langersehnter Vereinfachung. Der folgende Abschnitt bezieht sich daher auf Anlagen mit einer Leistung größer 30 kWp, welche für die meisten Leser uninteressant sein dürfte. Der Vollständigkeitshalber bleibt der Abschnitt dieses Buches bestehen, auch als Beispiel für die bisher unsinnigen Bestimmungen in Bezug auf eine heimische Photovoltaikanlage.

Im Zuge des Zubaus der erneuerbaren Energien meldeten die Netzbetreiber Bedenken der Netzstabilität an. Wenn im Hochsommer viel Solarstrom erzeugt wird und sie gezwungen sind diesen abzunehmen, kann es dazu kommen, dass zu viel Leistung im Stromnetz zur Verfügung steht. Als Resultat ist eine Instabilität des Stromnetzes zu befürchten.

Auch wenn es **keine technische Grundlage** für diese Bedenken gab, wurde 2012 in das EEG eingefügt, dass der Netzbetreiber die Möglichkeit haben muss, PV-Anlagen über eine ferngesteuerte Gerätschaft zu drosseln und damit die Einspeisung zu reduzieren. Anlagenbetreiber mit einer Leistung von größer als 7 kWp müssen zusätzliche Komponenten verbauen, die im Bereich von 1.000 € oder mehr liegen. Dabei handelt es sich um **Rundsteuerempfänger** (RSE), welche die Anlage schrittweise von 100 % auf bis zu 0 % drosseln kann.

In der Realität wird der Netzbetreiber bei einer Überlast auch keine Kleinanlagen ansteuern. Der Aufwand, tausende Kleinanlagen anzusteuern, wäre viel zu hoch. Stattdessen werden große Anlagen wie Photovoltaikparks angesteuert.

Trotz der proaktiven Unsinnigkeit der Steuerung von Privatanlagen ist die Fernzugriffmöglichkeit obligatorisch. Und der Netzbetreiber kontrolliert auch regelmäßig, ob die Kommunikation zu den Regeleinrichtungen noch intakt ist, auch wenn diese niemals verwendet werden. Denn wenn die Steuerung ausfällt oder nicht berücksichtigt wird, kann der Netzbetreiber die Einspeisevergütung reduzieren oder sogar komplett streichen.

Eine Alternative zu den ferngesteuerten Regelkomponenten, welche momentan deutlich verbraucherfreundlicher ist, ist die **70 % Regelung**.

Diese besagt, dass zu jeder Zeit maximal **70 % der maximal erzeugbaren Leistung** (kWp-Leistung) ins öffentliche Stromnetz eingespeist werden dürfen. Das kann auf viele Arten gewährleistet werden. Ein Beispiel ist, indem ein **unterdimensionierter Wechselrichter** verwendet wird. So kann für eine 10 kWp Solaranlage ein Wechselrichter mit einer maximalen Einspeiseleistung von 7 kW verwendet werden. Intelligente Wechselrichter können heutzutage erkennen, wie viel Leistung in das Stromnetz eingespeist wird und regeln bei 70 % automatisch ab.

Auch hier kann der Sinn der Regelung angezweifelt werden. Schließlich kann man sich einfach mehr Leistung auf das Dach legen als geplant, um die 70 % Regelung auszugleichen. Ob das effektiv der Netzstabilität dient oder nur ein weiteres Hindernis für die Energiewende darstellt, kann daher diskutiert werden.

Die Auswirkungen der 70 % Regelung sind im Alltag jedoch kaum zu spüren. Die Solaranlage arbeitet nur an wenigen Tagen im Jahr an ihrem absoluten Maximum. Bei Dächern mit reiner Süddachausrichtung liegen die Verluste – ausgelöst durch die 70 % Regelung – im Durchschnitt bei 7 %, bei Ost-West-Anlagen bei lediglich 3 %.

Dennoch sind diese Prozente Energie, die ungenutzt bleibt und die Energiewende voranbringen könnte.

Als moderne Alternative zum RSE wurden in den letzten Jahren smarte Zähler entwickelt.

Dabei handelt es sich um das *Smart Meter Gateway*, welches wir bei den verschiedenen Stromzählertypen bereits kennengelernt haben. Oftmals wird es auch als *intelligenteMesssysteme* (IMSys) bezeichnet. Es dient zur Überwachung und Steuerung des Verbrauches.

Diese werden seither großflächig bei Anlagen über 7 kWh verbaut.

Mit der Novelle aus dem Jahr 2021 gilt diese Regelung auch für Anlagen im Bereich von 7–25 kWp. Für die Energiewende und den Ausbau der Photovoltaik wäre das ein weiterer Rückschlag. Es würde Anlagen unwirtschaftlicher gestalten und einen bürokratischen Mehraufwand mit sich bringen.

Langfristig sind Smart Meter Gateways eine Bereicherung für die Digitalisierung und auch notwendig für den Aufbau eines intelligenten Stromnetzes, aber die Mehrkosten und die Umlage auf den Verbraucher würden momentan den Ausbau erneuerbarer Energien eher bremsen als beschleunigen.

Zum Zeitpunkt der Erstellung dieses Buches ist es jedoch noch unklar, ob diese Erweiterung eintreten wird.

Langfristig wird die Regierung die Abschaffung der 70 % Regelung anpeilen. Stattdessen sollen in den nächsten Jahren großflächig Smart Meter Gateways verbaut und gefördert werden.

Wie immer gilt auch hier, dass man sich über die aktuelle Lage und Notwendigkeiten der Gerätschaften informieren muss, da sich die Vorschriften je nach politischer Lage und Erneuerung des EEG ändern.

Als Letztes müssen wir beachten, dass jeder Akteur des Strommarktes beim *Marktstammdatenregister*, kurz *MaStR*, registriert wird. Das gilt für jedes Windrad, aber auch für jede PV-Anlage und jeden Batteriespeicher. Dafür bietet die Bundesnetzagentur einen Online-Zugang. Auf dem offiziellen *YouTube*-Kanal der Bundesnetzagentur gibt es zudem eine detaillierte Anleitung.

Damit haben wir die Anforderungen der Netzbetreiber behandelt und schauen uns als Nächstes einige wirtschaftliche Aspekte an.

Wir haben bereits bei der Rentabilitätsbetrachtung behandelt, dass pro eingespeiste kWh eine Einspeisevergütung von momentan 6,2-8,2 Cent ausgezahlt wird. Um zu verstehen, warum wir aktuell lediglich 6–8 Cent und nicht den Strombezugspreis von aktuell 40 Cent erhalten, schauen wir uns an, wie sich der Strompreis zusammensetzt.

9.4 Strompreis und EEG

Seit der Einführung der EEG-Umlage wird darüber diskutiert, wie sinnvoll die Umlage ist, und ob sie die Erneuerbaren Energien vorantreibt oder eher denjenigen schadet, die keine Chance auf eine eigene PV-Anlage besitzen, da sie beispielsweise in einer Mietswohnung wohnen.

Zunächst schauen wir uns einmal die Zusammensetzung des aktuellen Strompreises in Deutschland vom Jahr 2021 an.

Abbildung 55 Strompreiszusammensetzung

Laut dem offiziellen Strom-Report lag dieser im Jahr 2021 bei durchschnittlich 31,89 Cent pro kWh. Die reine Stromerzeugung macht dabei mit 7,7 Cent pro erzeugter kWh circa ein Viertel des Gesamtpreises aus, ebenso die Netzentgelte, welche der Netzbetreiber für die Bereitstellung und Instandhaltung des Netzes mit 7,8 Cent pro kWh vergütet bekommt.

Steuern und Abgaben bilden den größten Kostenblock mit über 51 % des Strompreises. Die EEG-Umlage ist dabei der größte Teil mit 6,5 Cent pro kWh. Die anderen Abgaben ergeben sich aus der Stromsteuer mit 2,05 Cent, der Umsatzsteuer mit 5,09 Cent, Konzessionsabgaben von 1,66 Cent und sonstigen Abgaben von 1,09 Cent. Die Konzessionsabgaben sind Entgelte, die der Betreiber eines Strom- oder Gasnetzes an öffentliche Einrichtungen bezahlen muss, beispielsweise wenn Stromleitungen über öffentliche Straßen und Wege gelegt werden.

Bei der Diskussion um die Sinnhaftigkeit der EEG-Umlage wird oftmals vergessen, dass andere Steuern und Abgaben ebenso zur Erhöhung des Strompreises führen. Beispielsweise sind die Strom- und Umsatzsteuer ein größerer Kostenblock im Strompreis als die EEG-Umlage.

Dennoch ist es sinnvoll, sich mit der EEG-Umlage zu beschäftigen, weshalb wir uns einmal genau anschauen, was es mit der EEG-Umlage auf sich hat, warum sie eingeführt wurde, und wer von ihr profitiert.

Die EEG-Umlage wurde im Jahr 2022 abgeschafft und ist nicht mehr Bestandteil des Strompreises. Der durchschnittliche Strompreis im Jahr 2022 ist jedoch weiter gestiegen, da die Stromerzeugungskosten im Zuge der Energiekrise von 7,7 ct pro kWp auf über 14 ct pro kWh gestiegen sind. Der folgende Abschnitt ist daher nicht mehr aktuell, hilft aber beim Verständnis, woher die Einspeisevergütung gezahlt wird, warum die EEG-Umlage notwendig war und warum sie abgeschafft werden konnte.

Teile des **Erneuerbaren Energien Gesetzes**, kurz EEG, haben wir bereits behandelt, beispielsweise dass es den Stromversorger dazu zwingt, Strom aus regenerativen Energiequellen primär abnehmen zu müssen.

Zunächst ist zu erwähnen, dass das Erneuerbare Energien Gesetz eine große Rolle in der Energiewende und in der Förderung von PV-Strom spielte und immer noch spielt. Das EEG bezieht sich dabei nicht nur auf Photovoltaikanlagen, sondern ebenfalls auf Windkraftanlagen, Energie aus Biomasse und vieles mehr.

Die EEG-Umlage ist neben vielen Zielen und Vorschriften ein Vehicle, um den kontrollierten Ausbau der erneuerbaren Energien voranzutreiben.

Um zu verstehen, warum die EEG-Umlage nicht konstant ist, schauen wir uns erneut das Vergütungsmodell der Einspeisung aus erneuerbaren Energien an.

Im EEG ist festgelegt, dass Strom aus erneuerbaren Energien mit einer festen Einspeisevergütung bezahlt wird. Diese Vergütung ergibt sich im Falle von Photovoltaikanlagen aus der absoluten Menge an zu- und ausgebautem PV-Strom.

Diese Einspeisevergütung ist auf 20 Jahre festgeschrieben und zählt ab dem Inbetriebnahme-Zeitpunkt der Photovoltaikanlage.

Wie wir gesehen haben, war diese Vergütung zu Beginn des EEG - als noch kaum Photovoltaikanlagen verbaut waren –bei fast 60 Cent pro kWh.

Jahr der Inbetriebnahme	Durchschnittliche Einspeisevergütung des Jahres in ct
2004	57,4
2005	54,53
2006	51,8
2007	49,21
2008	46,75
2009	43,01
2010	39, 14
2011	28,74
2012	24,43
2013	17,02
2014	13,68
2015	12,56
2016	12,31
2017	12,2
2018	11,59
2019	9,97
2020	8,32
2021	7,03
2022	5,98

Es war günstiger den produzierten Strom zu verkaufen, anstatt selbst zu nutzen, und anschließend wieder zurückzukaufen. Das war ein lukratives Geschäft, wodurch der Ausbau der Photovoltaik vorangetrieben wurde.

Die Einspeisevergütung wird monatlich neu berechnet.

Mittlerweile ist die Einspeisevergütung durch den Zubau auf unter 7 Cent pro kWh geschrumpft und wird weiter abnehmen. Der aktuelle Wert der Vergütung kann auf der offiziellen Internetseite der Bundesnetzagentur eingesehen werden.

Der Strom, den der Erzeuger an den Übertragungsnetzbetreiber bzw. den Stromversorger verkauft, wird anschließend an der **Strombörse** verkauft.

Die Strombörse ist eine gewöhnliche Börse, wie die Aktienbörse oder die Rohstoffbörse. Der Preis des Stromes findet sich hierbei aus Angebot und Nachfrage.

Der Preis an der Strombörse liegt jedoch in der Regel unter dem Preis, welcher für die Einspeisung vergütet wird. In den letzten Jahren lag der Börsenstrompreis im Bereich 3–6 Cent pro kWh. Die Einspeisevergütungen lagen jedoch bei 10–50 Cent pro kWh. Dadurch entsteht eine enorme finanzielle Lücke, die ausgeglichen werden muss. Und genau hier setzt die EEG-Umlage an. Sie wird auf den Strompreis erhoben, so dass die Allgemeinheit die Einspeisevergütungen bzw. die Differenz aus Einspeisevergütung und Strompreis bezahlt. Da die Einspeisevergütung über die Jahre gesehen immer weiter sinkt, die Börsen-Strompreise jedoch konstant bleiben, ist dadurch ein Instrument geschaffen, so dass die EEG-Umlage mit der Zeit immer geringer wird.

Die EEG-Umlage ist damit ein sinnvolles Mittel, um Photovoltaikanlagen in den ersten Jahren zu unterstützen. Dennoch gibt es berechtigte Argumente, dass die Umsetzung nicht optimal verlaufen ist. Beispielsweise dass die Einspeisevergütung für 20 Jahre festgeschrieben wird. Der lange Zeitraum sollte Investoren Planungssicherheit geben, jedoch gibt es dadurch noch heute viele Anlagen, die Ihren Strom für 40 Cent an den Strombetreiber verkaufen können. Ein weiterer Kritikpunkt ist, dass große, produzierende Gewerbe von der EEG-Umlage befreit sind.

Zum Wohle der Allgemeinheit sollen diese Unternehmen international wettbewerbsfähig bleiben, war die offizielle Begründung der Regierung. Mittlerweile ist dadurch circa 20 % des Stromverbrauchs von der EEG-Umlage befreit.

Bezahlen muss das seit Jahren der **Privatverbraucher** durch steigende Strompreise. Die Steuern und Abgaben, welche den größten Teil des Strompreises ausmachen, wurden dabei nicht gesenkt, so dass die zusätzliche Belastung in erster Linie kleine Betriebe und Privatpersonen trifft.

Außerdem wurde bereits angesprochen, dass vor allem diejenigen profitieren, welche ein Eigenheim besitzen und genügend Kapital für eine PV-Anlage aufbringen können. Mieter, welche hingegen kein Mitbestimmungsrecht für die Anschaffung einer PV-Anlage haben, sind trotzdem von der EEG-Umlage und steigenden Strompreisen betroffen.

Dennoch ist zukünftig eine Senkung der EEG-Umlage zu erwarten. Der Börsenstrompreis ist seit der Corona-Pandemie enorm gestiegen, kurzzeitig auf über 14 Cent pro kWh. Dadurch ist die Differenz zwischen Einspeisevergütung und Börsenstrompreis **negativ** geworden. Dadurch sammelten sich Rücklagen in der EEG-Kasse. Im Jahr 2022 war nicht mehr zu erwarten, dass der Börsen-Strompreis unter die Einspeisevergütung sinkt, daher konnte die EEG-Umlage gestrichen werden.

Eine weitere bürokratische Besonderheit bildet das Nutzen von **Mieterstrom**.

Kaum ein anderes europäisches Land hat einen solch hohen Anteil an Bürgern, die zu Miete leben, wie Deutschland. Die Mieterkultur ist in Deutschland enorm ausgeprägt, weshalb immer mehr Stimmen laut wurden, dass auch Mieter von günstigem und sauberem Solarstrom profitieren sollen. Jedoch war es lange Zeit ein bürokratischer Albtraum, wenn ein Vermieter seinen produzierten Strom an den Mieter verkaufen möchte. Um den Mieterstrom zugänglicher zu machen, wurde im Jahr 2017 ein Gesetz für die Förderung von Mieterstrom verabschiedet. In der aktuellen Novelle aus dem Jahr 2021 wurde das Gesetz weiter verbessert.

Mieterstrom ist möglich, wenn der erzeugte Strom vom Dach direkt im gleichen Wohngebäude verbraucht wird, ohne zuvor ins Netz eingespeist worden zu sein. Außerdem darf die Anlage nicht größer als 750 kWp sein.

An den Vermieter sind ebenfalls Ansprüche gestellt. So muss der Vermieter als Stromversorger auftreten. Mieter und Vermieter gehen einen Vertrag ein, indem der Vermieter dem Mieter die Stromversorgung zusichern muss. Das bedeutet, wenn der Eigenverbrauch nicht bei 100 % liegt, was oftmals der Fall sein wird, muss der Vermieter weiterhin einen Teil des Stroms von einem dritten Stromversorger einkaufen und wiederum an den Mieter verkaufen. Außerdem darf der Mieter frei entscheiden, ob er den Stromtarif annehmen möchte oder nicht. Der Vertrag darf auch nicht an den Mietvertrag gekoppelt sein. Weitere bürokratische Vorgaben sind, dass die Vertragslaufzeit bei einem Jahr liegen muss und der Preis maximal 90 % des örtlichen Grundversorgungspreises entsprechen darf. Außerdem sind komplexe Messsysteme notwendig, eine jährliche Abrechnung, Gewerbesteuer zu entrichten, und viele weitere bürokratische Hürden.

Auch wenn der Mieterstrom wirtschaftlich sinnvoll wäre, schrecken viele Vermieter davor zurück, eine Photovoltaikanlage zu installieren. Hier gilt es seitens der Politik, Vereinfachungen in der Bürokratie und weitere Anreize zu setzen. Schließlich betrifft der Mieterstrom rund die Hälfte der Bevölkerung.

9.5 Förderungen

Photovoltaikanlagen werden seit über 20 Jahren gefördert, beispielsweise durch die Einspeisevergütung, aber auch durch direkte Investitionszuschüsse. Mittlerweile sind Photovoltaikmodule so günstig und rentabel geworden, dass meistens keine direkten Förderungen mehr vergeben werden.

Aktuell ist lediglich die KfW 40 Plus Förderung verblieben, welche einen Tilgungszuschuss bei Neubauten gewährt, wenn die Wohneinheiten über eine besonders gute Dämmung verfügen und zusätzlich eine Photovoltaikanlage auf dem Dach verbaut ist.

Stromspeicher sind hingegen, wie wir bereits bei der Rentabilität festgestellt haben, in den meisten Fällen nicht wirtschaftlich. Da die Intention des Bundes bzw. der Länder ist, großflächige Speicher zu installieren, werden Speicher oftmals bezuschusst. Seit dem Jahr 2012 erhält man bei der Installation eines Hausspeichers immer wieder verschiedene Zuschüsse vom Bund bzw. von den Ländern. Aus diesem Grund können Speicher bereits heute wirtschaftlich sein. Dabei kommt es auf die verschiedenen Speicherförderungen im jeweiligen Bundesland oder der jeweiligen Stadt an.

Die Förderungen werden meistens in Verbindung mit der KfW durchgeführt. Diese bietet neben den kostengünstigen Zinssätzen auch Tilgungszuschüsse.

Wichtig dabei ist der Zeitpunkt der Beantragung des Speichers. Denn die Förderung muss vor der Installation des Speichers beantragt werden, ansonsten ist der Speicher nicht mehr förderfähig.

Außerdem kommt es oftmals vor, dass verschiedene Förderungen nicht kombinierbar sind. Außerdem kann eine gewisse Mindestkapazität des Speichers vorausgesetzt werden.

Die Bedingungen der Förderung müssen daher im Vorfeld geprüft werden.

Zusammenfassend werden vor allem Maßnahmen zur Energieeffizienzerhöhung gefördert. Vor der Installation einer Anlage kann man sich auf der Homepage der *BAFA* (Bundesamt für Wirtschaft und Ausfuhrkontrolle) und der *KfW* informieren, welche Kredite und Zuschüsse aktuell vergeben werden.

Außerdem empfiehlt es sich, Förderungen des jeweiligen Landes oder der Stadt anzufragen. Auch kann man beim Nachrüsten einer PV Anlage auf ein Bestandshaus oder bei einem Neubau darauf achten, ob man durch zusätzliche Maßnahmen, beispielsweise durch eine bessere Dachdämmung, eine zusätzliche Förderung beantragen kann. In vielen Bundesländern wird ebenfalls das Anschaffen einer Wärmepumpe oder einer Wallbox gefördert.

Oftmals erhält man durch die zusätzliche Förderung Vorteile, so dass sich die Energiemaßnahmen finanziell meist von allein tragen.

9.6 Gewerbe und Steuern

Als Nächstes schauen wir uns einen weiteren wichtigen Aspekt an, der im ersten Moment abschreckend klingt, wenn man zuvor noch keine Berührungen mit dem Unternehmertum hatte. Denn der Betrieb einer einspeisenden PV-Anlage bedingt die Anmeldung eines Gewerbes.
Die Angst kann jedoch schnell genommen werden. Wir werden sehen, dass es sich hierbei um wenige bürokratische Vorgänge handelt und sich der Aufwand in der Praxis mehr als rentiert.

Wie im Vorwort des Buches bereits erwähnt, wurde nach aktuellem Kenntnisstand versucht, die wichtigsten bürokratischen und steuerlichen Gegebenheiten korrekt wiederzugeben. Dennoch kann dieses Buch keine fachmännische Steuerberatung ersetzen. Je nach Größe und Art der Anlage kommen weitere Pflichten oder Vereinfachungen auf einen zu. Man sollte sich bei der Anschaffung einer Photovoltaikanlage immer an seinen Steuerberater wenden.

Wer eine Photovoltaikanlage betreibt und den Strom ins öffentliche Netz einspeist, möchte dafür mit einer Einspeisevergütung entlohnt werden. Jede Aktivität, die eine **Gewinnerzielungsabsicht** mit sich bringt, ist nach dem Gesetz eine **unternehmerische Tätigkeit**.
Wenn man keinen Strom einspeist, beispielsweise bei einer Inselanlage oder einem Wechselrichter mit einer **Null-Einspeisung**-Funktion, betrifft einen diese Regelung nicht.

Das bedeutet jedoch nicht, dass man automatisch Lohnsteuerabrechnungen erstellen, eine GmbH gründen oder Unmengen an zusätzlichen Kosten für einen Steuerberater ausgeben muss.

Vielmehr geht es darum, dass es sich bei der PV-Anlage dann nicht mehr um privates Vermögen handelt, sondern um Unternehmensvermögen.
Aber welche Vorteile, welche Pflichten ergeben sich durch diese Regelung?

Zum einen muss dem Finanzamt die Anschaffung einer Photovoltaikanlage mitgeteilt werden. Anschließend erhält man einen **Fragebogen zur steuerlichen Erfassung** und eine **Umsatzsteuernummer**. Diese ist ähnlich zur persönlichen Steuernummer, welche auf der Steuererklärung zu finden ist, nur eben nicht für Privatpersonen, sondern für das Unternehmen.

Als Unternehmer ist man nämlich **umsatzsteuerpflichtig**.
Das bedeutet, dass jeder Betreiber einer Solaranlage 19 % Umsatzsteuer auf jeden Umsatz, sprich jede Einnahme, an das zuständige Finanzamt bezahlen muss. Das betrifft die Einspeisevergütung, welche wir für den erzeugten Strom erhalten. Verkaufen wir innerhalb eines Jahres 5000 kWh zu je 7 Cent pro kWh, erhalten wir 350 € Einspeisevergütung und müssen davon 19 %, was 66,50 € entspricht, an das Finanzamt abführen.

Außerdem zählt der eigenverbrauchte Strom ebenfalls als „Gewinn", denn schließlich sparen wir die Kosten an den Stromversorger. Daher muss auch der eigenverbrauchte Strom versteuert werden. Dabei setzt das Finanzamt in der Regel den Preis des Stromversorgers, also circa 40 ct/kWh brutto an, was circa 32 ct/kWh netto bedeutet.
Bei einem Eigenverbrauch von 3000 kWh pro Jahr wären das circa 240 € zusätzliche Steuern.

Um die Umsatzsteuer abzuführen, wird monatlich, vierteljährlich oder jährlich (je nach Finanzamt) der Stromzähler für den eingespeisten und eigenverbrauchten Strom abgelesen und die Umsatzsteuer berechnet. Diese wird mit einer Umsatzsteuervoranmeldung an das Finanzamt übermittelt.

Klingt in erster Linie nach unnötigem Mehraufwand, denn schließlich hat der Betreiber keinen wirtschaftlichen Vorteil, oder? Korrekt, jedoch kann man als umsatzsteuerpflichtiger Betreiber ebenfalls die Vorsteuer aller Anschaffungskosten geltend machen.

Das bedeutet, dass man im Gegenzug die Mehrwertsteuer der PV Anlage, der Wartungen, Reparaturen und sogar von Fachliteratur wie diesem Buch erstattet bekommen kann.

Da seit dem Jahr 2023 eine Umsatzsteuer von 0 % auf Photovoltaikanlagen angewendet wird, entfällt dieser Vorteil. Es gibt jedoch eine Möglichkeit keine Umsatzsteuerzahlen zu müssen.

Wenn der Ertrag aus jährlichen Einspeisevergütungen unter **22.000 €** liegt, kann die **Kleinunternehmerregelung** in Anspruch genommen werden. Mit dieser muss **keine Umsatzsteuer** bezahlt werden, aber es kann auch **keine Vorsteuer** gezogen werden. Eine Umsatzsteuervoranmeldung muss jedoch immer noch abgegeben werden. In diese wird „Kleinunternehmer" vermerkt und alle Steuern mit 0 € ausgefüllt. Ggf. wird diese bürokratische Hürde zukünftig weiterhin abgebaut.

Wenn man den bürokratischen Aufwand nicht selbst erledigen möchte, empfiehlt sich die Beauftragung eines Steuerberaters.

Wenn man die Anlage vor dem Jahr 2023 angeschafft hat, war die Kleinunternehmerregelung zu Beginn nicht lukrativ. Dann ist es jedoch möglich, nach **fünf vollen steuerlichen Kalenderjahren** in die Kleinunternehmerregelung zu wechseln.

Das bedeutet, dass wir uns die Umsatzsteuer der PV-Anlage z. B. im Jahr 2022 und alle weiteren Kosten erstatten lassen können. Anschließend müssen wir im Gegenzug fünf volle Jahre Umsatzsteuer abführen und können anschließend in die Kleinunternehmerregelung wechseln, in der wir keine Umsatzsteuer abführen und keine Umsatzsteuervoranmeldung einreichen müssen.

Fünf volle Jahre bedeutet: Wenn eine PV-Anlage im Jahr Juni 2022 angeschafft wird, muss das komplette Jahr 2022 und zusätzlich fünf weitere Jahre, d. h. bis einschließlich 2027, eine Umsatzsteuervoranmeldung abgegeben werden.

Wenn man bereits selbstständig arbeitet und das Hauptgewerbe daher umsatzsteuerpflichtig ist, kann man nach fünf Jahren nicht in die Kleinunternehmerregelung wechseln. Andersherum, wenn man bereits ein Kleinunternehmen führt, kann man sich nicht die Vorsteuer erstatten lassen. Hier gibt es den „Steuertrick", dass der Partner die Anlage kauft, oder dass man die Anlage gemeinsam mit dem Lebenspartner, z. B. als *Gemeinschaft bürgerlichen Rechts,* kurz *GbR* kauft. Dabei ist es auch belanglos, wer von den Eheleuten der rechtmäßige Besitzer des Hauses ist. Wie immer gilt auch hier, dass für diese Spezialfälle ein Steuerberater unumgänglich ist.

Zusammenfassend müssen wir uns, wenn wir die Einspeisevergütung erhalten möchten, beim Finanzamt melden und erhalten eine Umsatzsteuernummer. Anschließend müssen wir in die Kleinunternehmerregelung wechseln und jährlich eine Umsatzsteuervoranmeldung abgeben. Das kann an den Steuerberater ausgelagert werden.

Ein weiterer steuerlicher Aspekt ist die Ertragssteuer. Dieser Bereich ist vollkommen gesondert von der Umsatzsteuer zu betrachten. Denn dabei bezieht sich der zu besteuernde Wert nicht auf den Umsatz, sondern auf den Gewinn, der mit der Anlage erzielt wird. Einmal im Jahr muss eine Zusammenfassung erstellt werden.

In der Praxis wird eine Photovoltaik einen sehr geringen steuerlichen Gewinn, bei kleinen Anlagen sogar einen **steuerlichen Verlust**, erzeugen. Das bedeutet nicht, dass sich Anlagen nicht lohnen. Die steuerliche Betrachtung ist jedoch komplex. Beispielsweise kann die PV-Anlage über 20 Jahre abgeschrieben werden, die eigenverbrauchten kWh werden mit der Einspeisevergütung berechnet, und viele weitere Besonderheiten.
Daher bildet der ertragssteuerliche Aspekt eher eine bürokratische Hürde und einen Mehraufwand, sowohl für den Anlagenbetreiber als auch für die Finanzämter.
Auf Anfrage des Finanzamts aus Baden-Württemberg hat das Bundesfinanzministerium im Juni 2021 ein Schreiben an alle Finanzämter in der Bundesrepublik versendet, weil private Photovoltaikanlagen bis zu einer Größe von 10 kWp unter **Liebhaberei** fallen. Das bedeutet, dass der steuerliche Gewinn so gering oder sogar negativ ist, dass **keine Gewinnerzielungsabsicht** vorliegt. Durch einen Antrag kann man sich von den bürokratischen Vorgängen rund um die Ertragssteuer befreien lassen.

In der Praxis ist das auch bereits möglich, jedoch fehlte bisher noch die rechtliche Grundlage, weshalb sich im November 2021 ebenfalls der Bundesrat mit der Thematik auseinandergesetzt hat.

In dem offiziellen Beschluss vom 04.11.2021 schreibt der Bundesrat:

Beschluss des Bundesrats

„Die Erfahrungen aus der Vergangenheit haben gezeigt, dass bürokratische Hürden – auch aus dem Bereich des Steuerrechts – ein wesentliches Hemmnis für die Entscheidung darstellen.

Solche Hemmnisse sollten schnell und umfassend beseitigt werden. Im Bereich des Steuerrechts sollte dies mit Hilfe einer Steuerbefreiung geschehen. Die Stromerzeugung aus „kleinen" Photovoltaikanlagen und Blockheizkraftwerken sollte zukünftig von den Ertragsteuern befreit werden. Damit wird ein wichtiger Beitrag zur Entbürokratisierung und Steuervereinfachung erzielt, der gleichzeitig den Anreiz schafft, mehr Kleinanlagen zu installieren.

Die damit verbundenen Steuerausfälle dürften überschaubar sein, da sich bei vielen dieser Kleinanlagen ohnehin die Frage stellt, ob sie mit Gewinnerzielungsabsicht betrieben werden oder betrieben, werden können."

Gekürzter Auszug aus dem Beschluss des Bundesrats vom 05.11.2021

Mit der Novelle im Jahr 2022 wurde zusätzlich eine Gesetzesgrundlage eingeführt.

Seit dem Jahr 2022 sind Anlagen mit einer Größe von maximal 30 kWp von der Einkommenssteuer befreit. Diese Befreiung ist verpflichtend, das heißt, dass es dabei keine Wahlmöglichkeiten gibt.

Wie immer können sich die aktuellen Bestimmungen verändert haben, weshalb erneut auf eine Rücksprache mit einem Steuerberater verwiesen wird.

Zusammenfassend soll man sich nicht von den bürokratischen Hürden aufhalten lassen. Für Neulinge klingt Gewerbe, Umsatzsteuer und Liebhaberei sehr komplex, in der Realität haben es schon hunderttausende Bürger umgesetzt. Es gibt viele Vordrucke und Ausfüllhilfen, die einem helfen können. Zudem sehen wir, dass eine Entbürokratisierung stattfindet. Die 70 % Regelung, die reduzierte Umsatzsteuer von 0 % und die Einkommenssteuerbefreiung sind einige Beispiele. Diese sind zwar deutlich langsamer als erhofft, aber die politische Richtung ist in diesem Punkt als positiv zu bewerten.

Damit haben wir die bürokratischen Hürden behandelt und sind bereit für die konkrete Umsetzung.

10 Umsetzung

Wir haben die technischen Grundlagen, die Planungsvorschriften und die Finanzierung einer Anlage kennengelernt. Auch die Rahmenbedingungen haben wir behandelt und uns durch den Bürokratiedschungel gekämpft.

Darum sind wir bereit für die Umsetzung der Anlage. Zunächst müssen wir unsere Daten strukturieren und unsere Erwartungen definieren.

10.1 Daten strukturieren

Zu den technischen Daten, welche für die Auslegung einer Anlage notwendig sind, gehören in erster Linie die äußeren Gegebenheiten. Dazu zählt beispielsweise die Dachgröße. Zu beachten ist, dass am Rand des Daches ein Sicherheitsabstand eingehalten werden muss. Bei einer Doppelhaushälfte muss sogar ein Brandschutzabstand von 0,5-2,5 m eingehalten werden.

Außerdem gilt es im gleichen Zug zu beachten, ob Teile des Daches ungeeignet für die Installation einer PV-Anlage sind, da beispielsweise lokale Verschattungen auftreten. Gründe hierfür können eine Dachgaube, ein Schornstein oder eine Satellitenschüssel sein. Bei einem sehr verwinkelten Dach empfehlen sich Moduloptimierer. Wenn lediglich 1–2 Panels teilweise verschattet werden, ist die wirtschaftlichere Lösung, die Stellen des Daches nicht zu bestücken.

Das hängt von der Ausrichtung und der Steilheit des Daches ab. Wie wir bereits gesehen haben, eignet sich ein Ost-West-Dach am besten, um ganzjährige Erträge zu generieren und den Eigenverbrauch zu erhöhen. Auch flache Norddächer sollten nicht kategorisch ausgeschlossen werden.

Neben den Gegebenheiten des Daches sind andere Faktoren, wie der aktuelle Stromverbrauch, sowie geplante Zukunftsanschaffungen zu berücksichtigen. Auch die Familienplanung darf nicht außer Acht gelassen werden.

Eine PV-Anlage wird für mindestens 20 Jahre Energie erzeugen. Wenn in dieser Zeit Nachwuchs geplant ist, wird sich der Stromverbrauch drastisch erhöhen. Oftmals wird das nicht berücksichtigt.

Dabei haben wir jedoch auch oft gesehen, dass es oftmals nicht sinnvoll ist, die PV-Größe am Stromverbrauch auszulegen, denn logisch sinnvoll ist entweder die maximale Fläche des Daches noch das vorhandene Budget der limitierende Faktor, wenn es um die Auslegung einer Photovoltaikanlage geht.

Neben diesen objektiven Daten müssen weiterhin persönliche Bedürfnisse berücksichtigt werden. Es empfiehlt sich eine Liste anzulegen mit den Kernpunkten, welche die Anlage erfüllen soll. Beispielsweise haben wir errechnet, dass eine hundertprozentige Autarkie kaum zu erreichen ist. Dennoch kann es für viele ein erstrebenswerter Wunsch sein, vollkommen autark leben zu können.

Auch die Notstromfähigkeit eines Speichers kann daher eine persönliche Präferenz sein, die es zu berücksichtigen gilt. All diese Daten gilt es zu sammeln und zu strukturieren.

Wenn man sich dazu entscheidet, die Anlage selbst zu konzipieren und zu installieren, kann man entweder auf eine Software zur Planung von PV-Anlagen zurückgreifen, oder man beauftragt ein Planungsbüro mit der Auslegung einer PV-Anlage. Alternativ kann man bei Solarteuren anfragen, ob sie lediglich die Planung der Anlage als Dienstleistung anbieten. Meistens ist das jedoch nicht der Fall, da sie daran nur wenig verdienen.

Nachdem man selbst einen Überblick gewonnen hat, was unsere Bedürfnisse sind, kommen wir zur konkreten Umsetzung. Dabei muss man unterscheiden, ob man eine Anlage selbst konzipieren, montieren und anschließen möchte, oder ob man eine Firma beauftragt, dies zu tun.

10.2 Selbstmontage einer PV-Anlage?

Die Montage der Anlage ist ein großer Kostenblock. Deshalb spielen viele mit dem Gedanken, die Installation der Anlage selbst in die Hand zu nehmen, um einige Tausend Euro zu sparen.

Zunächst klingt das nach einer legitimen Idee, in der Praxis gestaltet sich die Selbstmontage meist jedoch deutlich komplexer als zunächst angenommen.

Um das Fazit vorwegzunehmen sei gesagt, dass generell in den meisten Fällen von der Selbstplanung, Installation und der Inbetriebnahme abzuraten ist. Sowohl aus technischer, als auch aus rechtlicher Sicht kann sich die Eigenumsetzung schwer gestalten. Dennoch schauen wir uns an, unter welchen Umständen es sinnvoll sein kann.

Die Photovoltaikmodule sollen im besten Fall mehr als 40 Jahre auf dem Dach bleiben, denn eine Lebenszeit von mindestens 20 Jahren wird angestrebt. Deshalb müssen die Module fachgerecht montiert werden. Wenn die Module falsch montiert werden, kann es zu Ertragseinbußen oder frühzeitigen Ausfällen kommen. Als Folge einer nicht fachgerechten Montage kann es beispielsweise vorkommen, dass die Module unter Spannung montiert werden. Das kann bereits der Fall sein, wenn die Halteschienen, auf denen die Module montiert werden, nicht exakt parallel montiert sind, sondern wenige Millimeter auseinanderdriften. Als Resultat können sich über die Jahre Mikrorisse in den Zellen bilden. Zunächst wird man diese nicht bemerken. Durch die Mikrorisse können die Module weniger Ertrag bringen und im schlimmsten Fall vollständig ausfallen. Meistens tritt der Defekt erst Jahre später auf, und man wird diesen Defekt nicht auf die fehlerhafte Montage zurückführen können.

Auch weitere Faktoren, wie eine nichtoptimale Planung der Modulposition, können den Ertrag beeinträchtigen.

Ein weiterer Aspekt ist, dass bei steilen Dächern oftmals ein **Dachdecker** hinzugezogen werden muss, da sich dieser besser mit der Materie auskennt – sowohl was die Sicherheit bei der Montage, als auch die Befestigung der Module angeht.

Deshalb erlöschen bei Selbstmontage in den meisten Fällen die Garantie und Gewährleistungsansprüche der Photovoltaikanlage. Zusätzlich kann der Versicherungsschutz, beispielsweise der Anlage oder sogar des Daches, erlöschen. Bei einem Wasserschaden im Dach wird die Versicherung die „laienhafte" Montage der PV-Anlage als mögliche Ursache anführen, auch wenn die Module professionell montiert wurden. Auch die Modulhersteller werden ihre Leistungsgarantien nicht bei Selbstmontage gewähren.

Schlussendlich ist die Montage stets gefährlich. Nicht nur wegen der potenziellen Sturzgefahr, sondern auch, weil an den Modulen bis zu 1000 V anliegen kann.

Rutscht man aus und reißt beim Festhalten eines der Kabel ab, kann das nicht nur ein Modul beschädigen, sondern im schlimmsten Fall einen Stromschlag zur Folge haben.

Die Ausnahme für die Montage bilden kleinere **Komplettsets**, beispielsweise eine **Balkonkraftanlage**, welche wir später noch genauer behandeln werden. Diese Sets sind für die Installation durch einen Nicht-Fachbetrieb ausgelegt.

Die Selbstmontage ist nur dann möglich, wenn die notwendigen Qualifikationen vorhanden sind. Beispielsweise darf man als Laie nicht ohne weiteres den Netzanschluss ändern. Das darf nur eine ausgebildete Elektrofachkraft. Auch bei der Montage müssen Kabel verbunden und Sicherheitsbestimmungen eingehalten werden.

In jedem Fall empfiehlt sich es, bei jeder Art von Selbstmontage und Verkabelung alles zu dokumentieren. Auch falls man die notwendigen Qualifikationen für den elektrischen Anschluss an die Hauselektronik nachweißen kann, sind eine Dokumentation und Bilder der geleisteten Arbeit unabdingbar.

Bei eventuellen Unklarheiten, Streitigkeiten oder auch einem zukünftigen Hausverkauf sind diese Bilder enorm viel wert, um die Qualität der Anlage zu untermauern.

Durch eine Selbstmontage spart man in der Regel circa 20–40 % des Preises der gesamten Anlage. Eine Hybridlösung ist, dass man nur Teile selbst übernimmt. Beispielsweise nur die Montage oder alles bis auf den Anschluss der Elektronik.

Anschließend lässt man einen Fachbetrieb den Rest erledigen. Theoretisch spart man dadurch Geld, jedoch ist das in der Praxis häufig nicht umzusetzen.

Denn beispielsweise ein Elektro-Fachbetrieb möchte gerne den gesamten Auftrag übernehmen. Außerdem übernimmt der Betrieb oder die Fachkraft die Haftung für den Anschluss. Der Elektriker hat die Kabel oder Anschlüsse jedoch nicht selbst verlegt. Daher ist diese Art von Anschluss für die meisten Betriebe unlukrativ. In der Realität wird man kaum einen Elektroniker finden, der den Anschluss der Anlage übernimmt, aber sonst nichts an der Anlage mitverdient.

Zusammenfassend kann man sagen, dass es für einen Dachdecker durchaus machbar ist, die Solarmodule selbst zu installieren. In Verbindung mit einem bekannten Elektrobetrieb, welcher die Verkabelung und den Anschluss übernimmt, kann man sich einen Teil der Kosten einsparen.

Für alle anderen empfiehlt sich jedoch das Beauftragen eines Fachunternehmens. Dabei muss sowohl die Qualität als auch der Preis der Anlage und des optionalen Speichers stimmen.

Als Nächstes liegt der Fokus darauf, sich konkrete Angebote von Fachfirmen einzuholen und worauf man dabei achten muss.

10.3 Angebote einholen und vergleichen

Im Zuge der Energiewende sind immer mehr Dachdecker-, Fensterbauer- und kleinere Elektrikerfirmen auf den Zug der Photovoltaikinstallation aufgesprungen. Da es sich dabei um ein sehr junges Technikfeld handelt, fehlt diesen Betrieben anfänglich häufig noch die Expertise, um das komplexe Themengebiet der Photovoltaik vollumfänglich abdecken zu können.

Das bedeutet keinesfalls, dass diese Art von Betrieben generell keine gute Arbeit leisten, jedoch muss man als Kunde auf einige Punkte achten, um sichergehen zu können, dass die Beratung individuell und fachlich kompetent erfolgt und nicht nur eine Standard-Solaranlage verkauft werden soll, welche nicht an die persönlichen Gegebenheiten angepasst ist.

Um bestimmen zu können, ob wir ein gutes Angebot erhalten, befassen wir uns zunächst mit dem Preis. Wie immer gilt hier, dass Konkurrenz den Markt belebt.

Dabei können die Preise für Anlagen zwischen verschiedenen Anbietern erheblich schwanken. Deshalb sollte man sich immer Angebote von **mehreren verschiedenen Unternehmen** einholen. Dabei gilt, dass die Vergleichbarkeit der Angebote gegeben sein muss. Das bedeutet, dass beispielsweise jedes Angebot die gleiche Leistung an Modulen abdeckt.

Optimalerweise sind die einzelnen Posten des Angebots aufgeschlüsselt, also wie viel die einzelnen Module kosten, wie viel der Wechselrichter kostet und so weiter. Dadurch können Unterschiede leichter erkannt werden. Beispielsweise wenn eine Firma noch zusätzlich Moduloptimierer verbaut, können diese einfach aus dem Angebot herausgerechnet werden.

Wenn der Solarmonteur hingegen ausschließlich Pauschalpreise angibt, ohne die Preise für einzelne Bauteile auszuschildern, sollte man misstrauisch werden. Häufig möchte man dadurch die Vergleichbarkeit der Angebote bewusst erschweren.

Deshalb sollten Angebote, bei denen die Preise für Module, Wechselrichter und Co nicht einzeln aufgeschlüsselt sind, sehr kritisch gesehen werden.

Im Kapitel der Kosten des Solarstroms haben wir grobe Orientierungshilfen für die Kosten einer Anlage genannt. Diese liegen – Stand 2023 - bei circa 1200 € bis-1600 € netto pro kWp installierter Leistung. Falls ein Anbieter jenseits der 1600 € liegt, empfiehlt es sich, noch einmal ehrlich und sachlich nachzufragen, ob der Mehrpreis begründet ist, beispielsweise weil noch zusätzliche Überwachungssoftware verbaut wird oder Ähnliches. Ist das nicht der Fall, sollte man von diesen Anbietern Abstand nehmen.

Unabhängig vom Preis muss der Betrieb, wie bereits erwähnt, eine **Expertise** vorweisen können. Normalerweise muss dafür ein Vertreter vor Ort anwesend sein, um die Bedingungen, die Ausrichtung des Daches und mögliche Verschattungen ausfindig zu machen. Da eine Photovoltaikanlage sehr individuell geplant werden muss, sollte auch immer ein Gespräch mit dem Auftraggeber stattfinden. Was sind die Ziele der Anlage? Sind zukünftig ein E-Auto oder eine Wärmepumpe geplant? Werden in absehbarer Zeit Gegebenheiten verändert, ist beispielsweise die Bebauung des Nachbargrundstücks möglich, was eine eventuelle Verschattung zur Folge hat?

Ein gut ausgebildeter Solarteur stellt diese Fragen, da sie für die Auslegung der Anlage wichtig sind. Wenn der Solarteur keine individuellen Fragen stellt, ist das fast ausnahmslos ein direktes Ausschlusskriterium.

Aus all diesen Kennzahlen erstellt die Firma ein individuelles Angebot. Ein Vor-Ort-Gespräch ist heutzutage nicht immer notwendig. Durch moderne Software kann das Haus mit Hilfe von Satellitenbildern analysiert und eine PV-Anlage ausgelegt werden. Das Gespräch um die persönlichen Umstände ist hingegen unumgänglich.

Häufig empfiehlt es sich zwei oder drei Varianten einzuholen, beispielsweise einmal ein Angebot inklusive eines Speichers und einmal ohne einen zusätzlichen Speicher.

In diesem Angebot ist neben dem reinen Kostenvoranschlag auch eine **Ertragsberechnung** beigefügt. Diese wird anhand von Erfahrungswerten und Durchschnittszahlen der letzten Jahre erstellt und dient meistens nur als grobe Orientierung. Neben der Ertragserrechnung ist auch eine **wirtschaftliche Auswertung** bzw. eine **Rentabilitäts-** und **Amortisationsberechnung** beigefügt. Das ist jedoch nicht bei jedem Betrieb der Fall.

Sehr häufig kommt es dabei vor, dass die Zahlen „schöngerechnet" werden, so dass sich beispielsweise ein Speicher oder die gesamte Anlage rentieren, obwohl es in der Praxis oftmals nicht der Fall ist.

Für einen Laien hören sich die Rentabilitätsberechnungen gut an und verleiten zum Kauf. Oftmals werden jedoch viel zu optimistische Werte, beispielsweise für die jährlichen Lade- und Entladezyklen des Speichers oder für die Strompreissteigerungen, angenommen, um auf dem Papier künstlich eine Wirtschaftlichkeit zu erzeugen.

Dabei ist der Verkauf eines Speichers oftmals nicht im Sinne des Kunden, sondern im Sinne des Solarteuers, denn ein Speicher bringt schnell einen zusätzlichen, mittleren vierstelligen Umsatz. Oftmals wird mit Werbesprüchen und Autarkieversprechungen geworben. Die Realität ist stattdessen die, dass sämtliche Verbraucherzentralen und Technologieinstitute von großen Speichersystemen abraten.

Batteriesysteme sind in den letzten Jahren effizienter und kostengünstiger geworden. Trotzdem verschlechtert ein Speicher in den meisten Fällen die Wirtschaftlichkeit der Photovoltaikanlage eher, da die Systeme noch teuer sind und der Strom alternativ gegen Vergütung ins Netz eingespeist werden kann. Das ist lohnender als der Eigenverbrauch nach dem Speichern.

https://www.verbraucherzentrale.nrw/wissen/energie/lohnen-sich-batteriespeicher-fuer-photovoltaikanlagen-24589

Wenn wir ein Angebot erhalten haben, müssen wir dieses gründlich lesen. Denn wenn wir es annehmen, wird ein verpflichtender Vertrag daraus. Deshalb sollte alles bis ins kleinste Detail so aufgelistet sein, wie wir es möchten. Dabei darf man sich nicht zu schade sein, auch Kleinigkeiten ändern zu lassen.

Als Beispiel kann es sein, dass komplett schwarze Module bevorzugt werden und dies auch mündlich zugesichert wurde. Auf dem Angebot der Anlage ist dies jedoch nicht oder nicht eindeutig vermerkt, beispielsweise ist nur die Bemerkung „andere Farbe" vermerkt.

Die **mündliche Zusage** des Vertreters hat im Streitfall **kein Gewicht**. Deshalb gilt hier das gleiche Prinzip wie bei jedem rechtswirksamen Vertrag. Alles muss eindeutig festgehalten werden, zum Wohl des Auftraggebers, aber auch zum Wohl der beauftragten Firma. Dabei gilt es konkret darauf zu achten, welche Produkte verbaut werden, inklusive eindeutiger Typenbezeichnung, Leistungs- und Qualitätsanlagen sowie Gewährleistungs- und Garantieansprüchen. Die meisten Wechselrichterfirmen bieten beispielsweise 10–15 Jahre Garantie auf ihre Produkte an, die gegen einen Aufpreis noch einmal verlängert werden kann. Falls nicht eindeutig klar ist, welches Gerät aufgelistet ist, sollte man nachfragen und sich ggf. die Datenblätter des Geräts geben lassen.

Bei den verbauten Komponenten ist es wichtig, dass Markenartikel und keine „No-Name“ Ware verbaut wird. Als Laie ist das schwer nachzuvollziehen. Abhilfe schaffen das Internet, Erfahrungsberichte oder Fachzeitschriften. Vor allem die großen Kostenpunkte **Module**, **Wechselrichter** und ggf. **Batterie** sollten überprüft werden.

Neben den Produkten müssen auch die Leistungen detailliert ausgeschrieben sein. Dabei ist beispielsweise die Konstruktionsart gemeint: wo und wie die Module installiert werden, wie lange die abgeschätzten Kabel sind und deren Querschnitt. Falls Umbauten, beispielsweise an einem veralteten Zählerschrank, vorgenommen werden, muss dies ebenfalls im Angebot festgehalten werden. Auch die Kosten, beispielweise für ein Baugerüst, sollten ausgewiesen sein.

Neben den Kosten und der Qualität der Bauteile muss auch die konkrete Abwicklung aufgeführt werden. Dazu gehören die Termine bzw. die Dauer der einzelnen Baumaßnahmen sowie die Inbetriebnahme der Anlage. Auch die Anmeldung eventueller Förderungen, Anträge beim Bauamt oder bei der KfW müssen determiniert werden. In diesem Zug müssen ebenfalls Zertifikate und Nachweise beiliegen, welche beispielsweise für den Antrag bei der KfW notwendig sind.

Auch Gewährleistungsfristen für die Baumaßnahmen müssen ausgegliedert sein. Häufig beauftragt die Photovoltaikfirma externe Dienstleister wie Architekten, Tiefbauer oder Dachdecker.

Als letzter Punkt sollten die Zahlungstermine klar definiert sein. Häufig verlangen Solarteure eine Anzahlung zum Bestellen der Materialien. Dabei sollte man die Materialkosten, welche im Bereich von 60–70 % der Gesamtsumme liegen, erst bezahlen, wenn die Materialien auf der Baustelle eingetroffen sind. Ansonsten hat die beauftragte Firma keinen Anreiz mehr, die Materialien schnellstmöglich zu beschaffen. Vor allem in Zeiten der Rohstoffknappheit und verknappter Lieferketten ist es wichtig nicht in Vorleistung zu gehen. Im schlimmsten Fall wartet man mehrere Monate auf seine Materialien.

Einige unseriöse Firmen nehmen bewusst übermäßig viele Aufträge an. Die Kunden können nach einer Anzahlung nicht mehr abspringen, auch wenn sich die Umsetzung anschließend um Monate verzögert.

Allgemein ist das nicht die feine Art, jedoch oftmals Realität, sowohl bei der Photovoltaikanlage als auch bei anderen Baugewerken. Deshalb muss man sich dem immer bewusst sein.

Wenn wir uns für einen Anbieter entschlossen haben, werden die Module montiert. Wie wir bereits gesehen haben, ist von einer Selbstmontage abzusehen. Dennoch ist es sinnvoll zu verstehen, wie die Module auf dem Dach installiert werden und warum wir ggf. ein paar Ersatz-Dachziegel bereithalten sollten.

10.4 Montage und Inbetriebnahme

Die Dauer und die Komplexität der Montage der Photovoltaikmodule hängt von den Gegebenheiten vor Ort ab. An einem Balkon werden sie häufig mit einer Art Schellenklemmen am Geländer befestigt. Auf einem Hausdach werden stattdessen Querstreben eingezogen, auf denen die Module montiert werden.

Dabei gibt es auch die Möglichkeit, die Anlagen in das Hausdach zu integrieren. Sogenannte **Indachanlagen** wirken als Photovoltaikanlage, ersetzen jedoch gleichzeitig die Dachziegel, da die Module selbst die wetterfeste Hülle des Hauses bilden. Jedoch werden Indachanlagen auch bei Neubauten nur sehr selten eingesetzt. Zum einen ergeben sich Herausforderungen bei der Wasserfestigkeit und Dämmung der Module, zum anderen überhitzen die Module leicht, da im Gegensatz zu normalen Aufdachanlagen kein Luftstrom zwischen Dach und Modul entsteht. Dadurch können die Module nicht gekühlt werden, was sowohl die Langlebigkeit als auch den Wirkungsgrad der Module negativ beeinflusst.

Deshalb werden Photovoltaikmodule fast ausschließlich als **Aufdachanlagen** installiert.

Die Installation unterscheidet sich noch einmal abhängig davon, ob ein **Flachdach** oder ein **Satteldach** bestückt werden soll.

Bei einem Flachdach wird eine spezielle Unterkonstruktion benötigt. Diese fixiert die Module und neigt sie gleichzeitig um circa 20°. Dadurch ist sowohl eine bessere Reinigung durch Regen und Schnee möglich als auch mehr Ertrag durch einen besseren Winkel zur Sonne. Der Vorteil eines Flachdachs ist es, dass die Module in eine beliebige Richtung ausgerichtet werden können. So kann man sich entscheiden, ob die Module für den maximalen Ertrag nach Süden ausgerichtet werden, oder ob eine West-Ost-Aufteilung für den maximalen Eigenverbrauch angestrebt wird.

Abbildung 56 Montage von PV-Modulen auf einem Flachdach

Die Montage eines Flachdaches ist damit relativ einfach und flexibel zu bewältigen. Anders sieht es bei einem Sattel oder Walmdach aus.

Für die Installation der Module werden zunächst Dachhaken in regelmäßigen Abstanden an den Dachsparren angeschraubt. In seltenen Fällen kann es vorkommen, dass die Dachsparren zu weit auseinander stehen und zusätzliche Verstrebungen eingesetzt werden müssen.

An der Stelle, an denen die Dachhaken montiert werden, müssen die Dachziegel entfernt werden. Bei diesen wird anschließend eine Öffnung für den Dachhaken ausgefräst. Dabei kommt es gelegentlich vor, dass ein Dachziegel bricht. Deshalb sollte man einige Ersatzziegel bereithalten. Meistens beschränkt sich der Ausschuss auf 2-3 Ziegel. Es gibt jedoch auch Solarteure, die mindestens 10 oder mehr Ersatzziegel vom Hausbesitzer fordern. Als Alternative zum Ausfräsen der Dachziegel gibt es **Blechziegel** zu kaufen. Diese sehen den normalen Dachziegeln sehr ähnlich, sind jedoch – wie der Name bereits sagt –nicht aus Ton oder Sandgestein, sondern aus metallischen Verbindungen. Der Haken für die Installation ist dabei ebenfalls schon inbegriffen.

In beiden Fällen werden an die Haken anschließend Aluminiumprofile angeschraubt. Wenn die Aluminiumprofile nicht lang genug für das Dach sind, werden zwei Profile mit Hilfe von Schienenverbindern zusammengesteckt.

Auf diesen Aluminiumprofilen werden anschließend die Module befestigt. Auch hierfür sind spezielle Modulklemmen vorhanden.

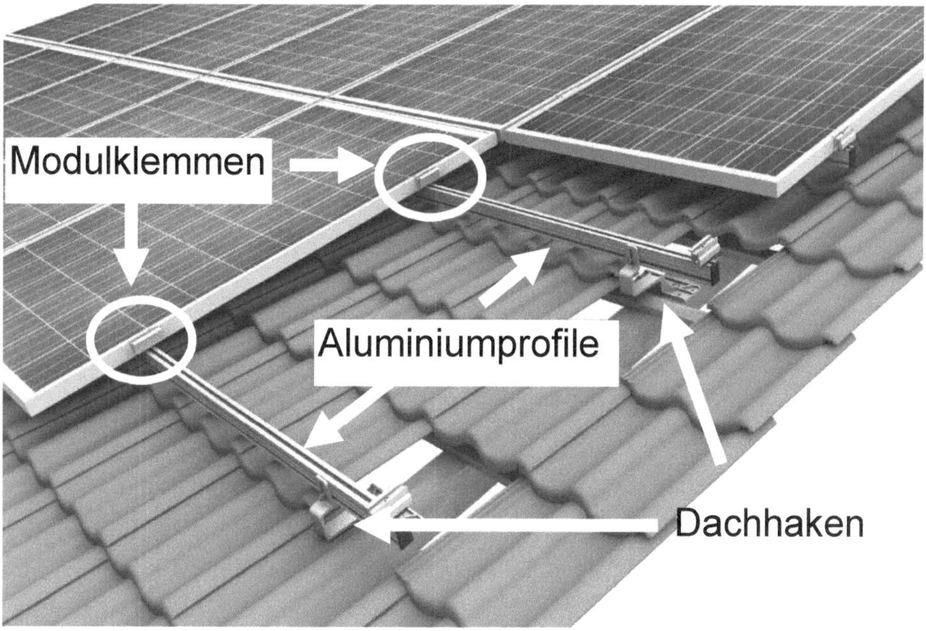

Abbildung 57 Montage von PV-Modulen auf einem Satteldach

Wenn Moduloptimierer verwendet werden, werden diese vor der Montage der Photovoltaikmodule auf dem Aluminiumschienen montiert und an das entsprechende Modul angeschlossen.

Bei der gesamten Montage muss darauf geachtet werden, dass die Aluminiumschienen und die Module elektrisch verbunden sind. Vor der Montage ist das nicht der Fall, da die Aluminiumprofile eloxiert sind. Bei der Montage reiben die Schienenverbinder und Modulklemmen absichtlich die Eloxierung an einigen Stellen auf, damit ein elektrischer Kontakt entsteht. Das ist wichtig, damit die gesamte Anlage geerdet wird.

Nachdem die Module montiert wurden, wird die gesamte Anlage geerdet, was bedeutet, dass ein Kabel, welches auf Erdpotenzial liegt, an das Gestell angeschlossen wird. Außerdem muss pro Solarstring ein Plus- und ein Minuskabel vom Dach in den Elektronikraum gezogen werden. Wenn beim Bau der PV-Anlage gleichzeitig eine Wärmepumpe verbaut wird, wird häufig der Schornstein als „Leerrohr" für die Kabel verwendet. Alternativ können ein Kanal an der Hausfassade angelegt oder bisherige Kabelkanäle verwendet werden.

Die Kabel werden anschließend zum Elektronikraum gezogen. Dort wird der Wechselrichter und ggf. der Batteriespeicher installiert. Der Wechselrichter wird an eine stabile Wand geschraubt, der Batteriespeicher je nach Modell auf den Boden gestellt oder auch an der Wand befestigt. Außerdem werden die zusätzlichen Komponenten, wie das Smart Meter, ein Überspannungsschutz, Trenneinrichtungen oder ggf. ein zusätzlicher Fehlerschutzschalter, montiert. Der Überspannungsschutz kann auch direkt unter dem Dach verbaut werden. Schlussendlich werden die Kabel der PV-Module an den Wechselrichter angeschlossen.

Damit ist die Montage abgeschlossen, und wir können die Anlage das erste Mal in Betrieb nehmen.

Vor der Inbetriebnahme muss die Anlage auf die Vorschriften für eine Niederspannungsanlage (DIN VDE 0100–100) geprüft werden. Beispielsweise wird dabei getestet, ob alle Kontakte ordnungsgemäß verschaltet sind. Dieser Vorgang muss von der Fachkraft dokumentiert werden. Anschließend wird der Wechselrichter probeweise in Betrieb genommen und auf Funktion getestet.

Ist alles in Ordnung, kann die Anlage offiziell in Betrieb genommen werden.

Die Inbetriebnahme der Anlage muss durch den Netzbetreiber in Begleitung einer Elektrofachkraft erfolgen. Dabei wird der bisherige Zähler durch einen Zweirichtungszähler ausgetauscht.

Wenn die Elektrofachkraft die Befugnis besitzt, selbst den Zähler zu tauschen, muss kein Vertreter des Netzbetreibers vorhanden sein.

Damit ist die Anlage in Betrieb genommen und kann offiziell grünen Strom erzeugen.

Nachdem die Anlage in Betrieb genommen wurde und fröhlich Sonnenenergie erntet, schauen wir uns einmal an, was wir während der Betriebszeit der Anlage beachten müssen.

10.5 Wartung

Eine Photovoltaikanlage wird einmalig auf dem Dach montiert. Im Optimalfall verweilt sie dort für mindestens 20 Jahre. Dabei ist die Anlage extremen Einflüssen ausgesetzt. Im Hochsommer werden Photovoltaik-Module durch die Einstrahlung der Sonne auf bis zu 80 °C aufgeheizt, im Winter sind sie hingegen zweistelligen Minusgraden ausgesetzt. Durch Wärme dehnen sich Materialien aus, durch Kälte ziehen sie sich zusammen. Die ständige thermische Expansion und Kontraktion bedeutet enormen Stress für die Materialien.

Weiterhin sind die Module rund um die Uhr Sonne, Regen, Hagel, Schnee, Wind, Staub und Verunreinigungen ausgesetzt.

Da die Module das Dach vor diesen Naturextremen schützen, nisten sich gerne Tiere wie Insekten, aber auch Vögel oder Nager an oder unter den Modulen ein.

Trotz all dieser Einflüsse zeigt die Praxis, dass Photovoltaikmodule mittlerweile sehr robust aufgebaut sind, so dass materielle Schäden während der Lebenszeit, welche real in der Größe von 30–40 Jahren liegt, kaum bis gar nicht auftreten.

Dennoch empfiehlt es sich, die Module oberflächlich zu warten. Denn das verlängert nicht nur die erwartete Lebensdauer, sondern kann auch den Ertrag steigern. Beispielsweise kann es vorkommen, dass ein Panel beschädigt oder verschmutzt ist. Das gleicht einer Verschattung des Moduls, was die Leistung des gesamten Modulstrangs negativ beeinflussen kann.

Gesetzlich gibt es keine Verpflichtung die Module zu warten, zumindest nicht für private Verbraucher. Jedoch wird es aus den eben beschriebenen Gründen dringlich empfohlen, die Anlage regelmäßig zu warten. Das bedeutet nicht, dass wir jeden Sonntag auf das Dach steigen müssen, um die Anlage zu kontrollieren. Mit Regelmäßigkeit ist ein Wartungsintervall von mehreren Jahren gemeint.

Beispielsweise empfiehlt die DIN-Norm 0105-100 vom Verband Deutscher Elektrotechniker das regelmäßige Überprüfen von elektrischen Anlagen. Darunter fallen auch PV-Anlagen in einem Intervall von **vier Jahren.**

Das benötigte Wartungsintervall hängt von vielen Faktoren ab. Wenn das Dach mehr als 30° geneigt ist, können sich die Module durch Regen und Schnee zum großen Teil selbst reinigen. Diese **selbstreinigende Wirkung** wird mit niedrigerer Dachneigung immer geringer. Außerdem hängt der Verschmutzungsgrad auch Maßgeblich von den ländlichen Gegebenheiten ab. Eine PV-Anlage auf einem Bauernhof neigt deutlich leichter zu Verschmutzung als ein Hausdach in der Innenstadt.

Zusätzlich kann die Versicherung der Anlage bestimmte Vorgaben zur Wartung festschreiben. Werden diese nicht ordnungsgemäß erfüllt und protokolliert, kann sich die Versicherung im Schadensfall querstellen.

In der Praxis reicht es meistens aus, wenn man die Anlage inspiziert, um grobe, permanente Verunreinigungen oder Schäden, beispielsweise durch Hagel, ausfindig zu machen.

Wenn die Leistungsdaten der Anlage zu den erwarteten Werten passen, gibt es keinen Grund auf das Dach zu steigen. Auch wenn erkannt wird, dass einzelne Module defekt sind, können die defekten Module heutzutage vom Boden aus ausfindig gemacht werden.

Dabei werden beispielsweise Drohnen eingesetzt, an welchen eine Wärmebildkamera angebracht ist. Wenn ein Modul defekt ist, wandelt es die erzeugte Energie nicht in Strom, sondern in Wärme um. Demzufolge ist es im Vergleich zu benachbarten Modulen deutlich wärmer.

Die Drohne kann dabei das Wärmeprofil des Daches aufnehmen und defekte Module ausfindig machen.

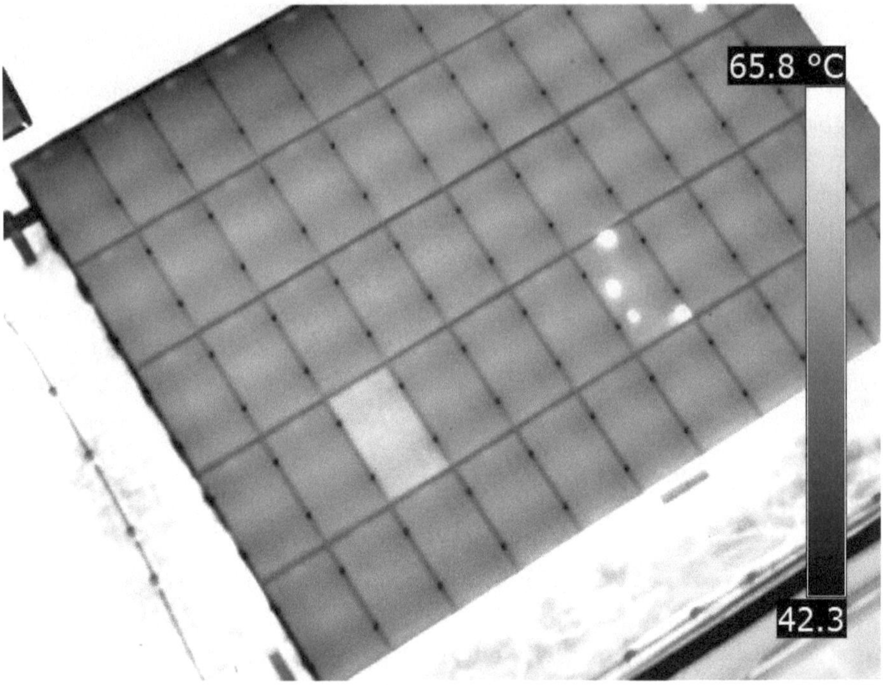

Abbildung 58 Wärmebildaufnahme eines defekten PV-Moduls aus der Luft

Wenn man Moduloptimierer verbaut hat, ist dieser Aufwand nicht notwendig. Die Optimierer zeigen die Leistung jedes einzelnen Moduls an. Man spart sich daher die Suche bei einem eventuellen Schaden.

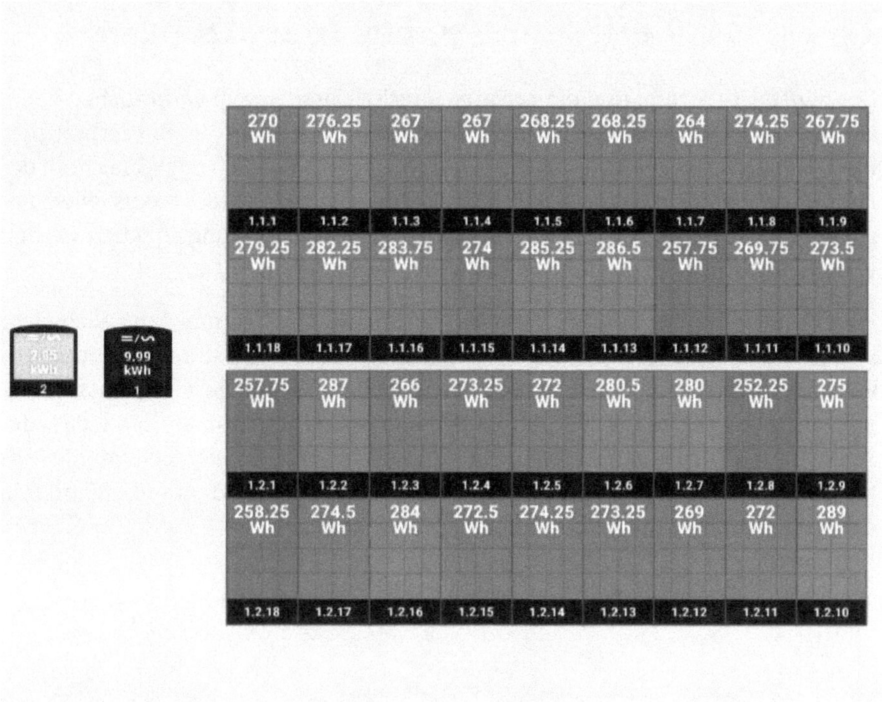

Abbildung 59 Beobachten der einzelnen Leistungen der Module durch SolarEdge Leistungsoptimierer

Insgesamt sind die Module durch immer bessere Fertigungstechniken extrem robust geworden und benötigen keine umfangreiche Wartung, wie es in den Anfangsjahren der Fall war.

Damit haben wir die wichtigsten Aspekte der Umsetzung behandelt.

Bevor wir uns konkrete Praxisbeispiele ansehen, schauen wir uns noch einmal einige Tipps und Tricks an, wie man seine eigenerzeugte Energie wirtschaftlich und ökologisch sinnvoll verbrauchen kann.

11 Tipps zur effizienteren Energienutzung

Der günstigste Strom, den ein privater Haushalt heutzutage verbrauchen kann, ist der, der direkt von der heimischen Photovoltaikanlage in die Verbraucher fliest. Dabei treten keine Verluste beim Übertragen, Wandeln oder Speichern der Energie an. Beim Laden des Akkus als auch beim Entladen eines Akkus fallen hingegen Verluste im Bereich 10–20 % der gespeicherten Leistung an. Auch werden weitere Rohstoffe für die Produktion eines Akkus benötigt.

Zudem sind Speicher heutzutage ohne Förderungen in den meisten Fällen nicht wirtschaftlich. Aus wirtschaftlicher und ökologischer Sicht ist der direkte Eigenverbrauch daher immer die erste Wahl. Jedoch haben wir gesehen, dass der Eigenverbrauch nur im Bereich von 20–30 % liegt. Das liegt primär daran, dass der Strom häufig vorhanden ist, wenn wir ihn nicht benötigen, nämlich um die Mittagszeit, während die meisten Menschen auf der Arbeit sind. Am Abend oder in der Nacht ist hingeben keine Sonne mehr vorhanden.

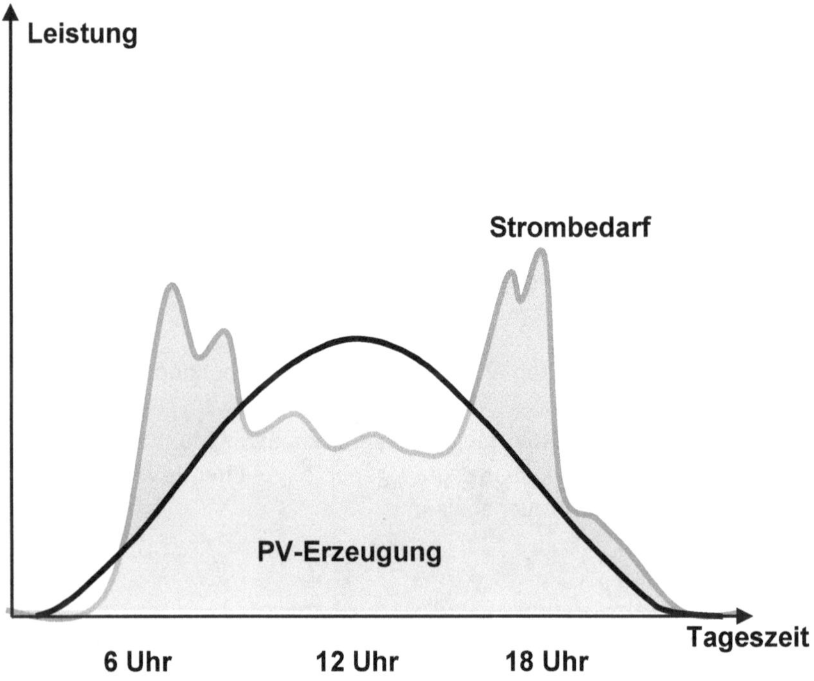

Abbildung 60 Lastprofil und Solarertrag im Tagesverlauf

Dennoch gibt es verschiedene Möglichkeiten, seinen Eigenverbrauchsanteil bzw. seinen Autarkiegrad deutlich zu erhöhen. Einige Maßnahmen erfordern keinen oder einen sehr geringen Mehraufwand.

11.1 Haushaltsgeräte steuern

Der erste Trick, mit dem sich der Eigenverbrauch steigern lässt, ist der, dass man **Lasten** an die **Stromproduktion anpasst**. Konkret bedeutet das, dass man große Verbraucher, wie eine **Geschirrspülmaschine** oder eine **Waschmaschine**, dann laufen lässt, wenn die Sonne scheint.

Dieser Trick ist simpel, aber dennoch bedenken ihn viele nicht. Eine Geschirrspülmaschine verbraucht pro Jahr circa 100–200 kWh elektrische Energie. Dabei haben moderne Geschirrspüler oftmals die Funktion, dass man sie programmieren kann. So kann man den Spüler auf 12 Uhr mittags programmieren und von der Energie der Sonne profitieren. Denn wie wir gesehen haben, ist jede kWh, die wir direkt verbrauchen, die günstigste und nachhaltigste Möglichkeit der dezentralen Stromerzeugung.

Ähnlich verhält es sich mit der Waschmaschine und dem Trockner. Beide Geräte verbrauchen jährlich rund 100 kWh. Auch hier gibt es smarte Lösungen, um die Geräte zu einer beliebigen Zeit einzuschalten. Einige Hersteller bieten bereits Schnittstellen an, um die Haushaltsgeräte in ein smartes System zu integrieren.

Weiteres, was man zur Mittagszeit verwenden kann, ist unter anderem das Laden von Gerätschaften wie dem Laptop, dem Tablet, einer Powerbank oder den Akku des elektrischen Rasenmähens.

Diese kleinen Akkugeräte können jährlich eben den Eigenverbrauch um einige hundert kWh erhöhen.

Als letzten energieintensiven Prozess lässt sich das Kochen anführen. Elektrisch betriebene Herde, beispielsweise Induktionsherde, verbrauchen übers Jahr gesehen 300–500 kWh elektrische Energie. Dabei ist, außer in den Wintermonaten, meistens auch noch um 17 Uhr genügend Sonneneinstrahlung vorhanden, sodass man mit der Energie der Sonne kochen kann. Falls es in den Tagesablauf integrierbar ist, kann man sich überlegen, das Abendessen eine Stunde vorzuziehen und in den Sommermonaten bereits um 17 Uhr zu Abend kochen.

All die angeführten Verbraucher können in Summe bereits mehr als 1000 kWh elektrische Energie pro Jahr benötigen. Wenn man einen großen Teil dieser Energie direkt aus der Sonne beziehen kann, kann man seinen Eigenverbrauch auch ohne Speicher auf 40–50 % erhöhen.

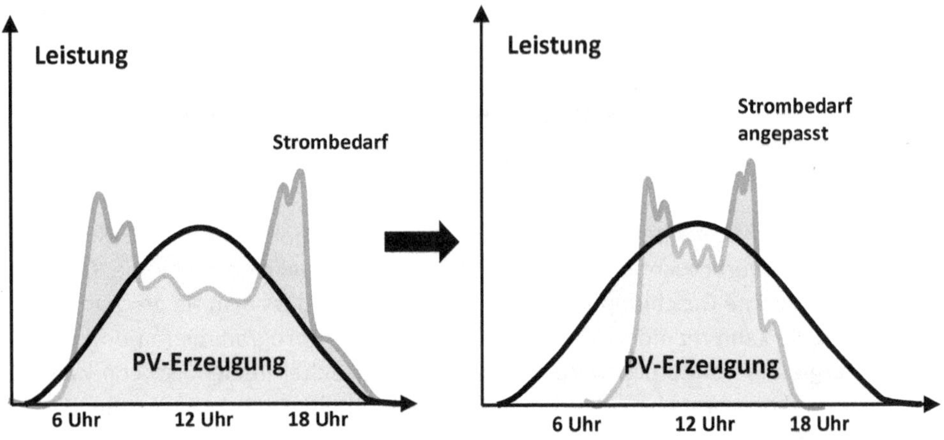

Abbildung 61 Erhöhung des Eigenverbrauchs durch Änderung des Lastprofils

Bevor wir uns anschauen, wie das zukünftig einfach realisiert werden kann, schauen wir uns weitere Tricks an, welche uns dabei helfen, den Selbstverbrauch zu erhöhen.

11.2 Das Elektroauto

Dass Elektroautos die Mobilität der Zukunft sind, steht bereits fest, und auch Audi, VW und BMW wollen in den nächsten 5 bis 10 Jahren ausschließlich auf stromangetriebene Automobile setzen. Da der Elektromotor im Vergleich zum klassischen Verbrenner circa dreimal so effizient arbeitet, werden wir zukünftig die benötigte Energie für den Verkehr dritteln.

Aber auch wirtschaftlich sind Elektroautos sinnvoll, vor allem, wenn man sie mit Strom aus der Photovoltaikanlage laden kann.

Ein Elektroauto verbraucht im Jahresdurchschnitt circa **15 kWh pro 100 gefahrener Kilometer**.

Mit wie viel Energie das Elektroauto aus der Photovoltaikanlage geladen werden kann, kommt dabei stark auf den Tagesablauf des Fahrzeugbesitzers an. Beispielsweise sind viele Arbeitnehmer um die Mittagszeit nicht zuhause. Das bedeutet, dass das Auto zum großen Teil nicht mit überschüssigem Strom geladen werden kann. Dennoch scheint die Sonne über das gesamte Jahr gesehen auch noch nachmittags und abends, wenn die meisten Autos zuhause an der heimischen Steckdose laden können. Je nach Größe der Photovoltaikanlage ist auch noch nach 17 Uhr genügend Leistung vorhanden, um das Elektroauto zu betanken.

Um verschiedene Szenarien abzudecken, schauen wir uns an, wie lukrativ das Laden mit PV-Strom sein kann, wenn das Auto zu 20 %, zu 50 % oder zu 100 % mit Photovoltaikstrom geladen werden kann.

Dass lediglich 20 % der benötigen Energie durch PV-Strom geladen werden kann, ist bei normalen Arbeitszeiten und Fahrverhältnissen der Fall. 80 % hingegen ist realistisch, wenn man sich im Home-Office befindet und das Auto um die Mittagszeit an der heimischen Steckdose tanken kann.

Für die Berechnung verwenden wir eine durchschnittliche Laufleistung von 13 700 km pro Jahr. So viel fährt der Durchschnittsdeutsche pro Jahr mit seinem PKW. Das entspricht beim Verbrauch von 15 kWh pro 100 km circa **2000 kWh.**

Bei Stromkosten von 40 Cent pro kWh ergeben sich zudem Kosten von **6 € pro 100 km**. Dabei müssen wir zusätzlich die Verluste beim Laden berücksichtigen, die im Bereich von 10 % liegen. Damit ergibt sich ein erhöhter Preis von **6,60 € pro 100 km**. Allein damit ist das Elektroauto bereits deutlich günstiger als ein Benziner und die meisten Dieselfahrzeuge. Wie lukrativ ein Elektroauto in Kombination mit einer Photovoltaikanlage sein kann, werden wir noch sehen.

Der Preis für den Strom, welchen wir aus der PV-Anlage beziehen, ergibt sich bei großen Anlagen aus den Stromgestehungskosten. Für die Berechnung verwenden wir die Werte des Fraunhofer ISE Instituts, welches für mittelgroße Anlagen bis maximal 30 kWp Stromgestehungskosten von 5,81 bis 11,01 ct pro kWh angibt.

Wenn das Auto ausschließlich mit Überschussstrom geladen wird und die Photovoltaikanlage bereits vorhanden war und nicht „zusätzlich" für das E-Auto angeschafft wird, kann man sogar mit der Einspeisevergütung statt den Gestehungskosten rechnen. Diese liegt noch einmal 20 % niedriger bei 8,2 ct pro kWh.

Für das Beispiel verwenden wir den Mittelwert der Gestehungskosten von **8,4 Cent**. Je nach Anlagengröße und Ertrag variiert dieser Wert.

Wenn wir das verwendete Auto anschließend mit **20 % Photovoltaikstrom** laden, kostet die Ladung pro 100 km nur noch zu **4,09 €,** wenn wir wiederum von 10 % Ladeverlusten ausgehen zu **4,5 €.**

Wenn wir es schaffen, das Auto zu **50 %** aus der eigenen PV Anlage zu betanken, ergibt sich ein Wert von **3,33 €** pro 100 km. Dabei sind die Verluste bereits inkludiert.

Wenn man das theoretische Maximum errechnet und das Auto zu **100 %** aus der eigenen Photovoltaikanlage speisen kann, ergibt sich ein Preis von **1,39 € pro 100 km,** wiederum bereits inklusive eventueller Ladeverluste.

Anhand dieser Zahlen sehen wir bereits, dass nur das Fahrrad eine günstigere Fortbewegung ermöglicht.

Die Gesamtersparnis über die rechnerische Lebenszeit der PV Anlage von 20 Jahren wird dann erst richtig deutlich.

Wie wir gesehen haben, ist der Durchschnittsdeutsche im Jahr 2019 und 2020 durchschnittlich 13 700 km pro Jahr mit seinem PKW gefahren.

Der Preis für Benzin und Diesel ist dabei stark schwankend in den vergangenen Jahren. Im Jahr 2022 ergibt sich beispielsweise ein durchschnittlicher Dieselpreis von **1,96 € pro Liter**. In den letzten Jahren war dieser deutlich geringer, daher verwenden wir eine **konservative Rechnung** mit einem durchschnittlichen Diesel und Benzinpreis von **1,80 € pro Liter.**

Die Tatsache, dass Spritpreise zukünftig deutlich schneller steigen werden als die Preise für Strom, vernachlässigen wir ebenfalls. All diese Punkte sprechen weiter für das E-Auto sowie den PV-Strom.-

Wenn wir die angegebenen Daten verwenden, ergeben sich für einen Benziner jährliche Spritkosten von **1.900 €**, für ein Dieselfahrzeug Kosten von **1.700 €**.

Das Elektroauto, welches zu 20 % aus PV-Strom geladen wurde, kostet jährlich **761 €**, das 50 % PV-Auto **547 €**, und das Auto, welches ausschließlich aus PV Strom geladen wurde, kostet jährlich **190 €** für die Fortbewegung.

Auf 20 Jahre ergibt sich eine Ersparnis im Vergleich vom Benzin-Verbrenner zum Elektroauto von **23.243 €** für das E-Auto, welches zu 20 % aus PV-Strom geladen wurde und bis zu **34.672 €** für das Elektroauto, welches ausschließlich mit PV-Strom geladen wurde. Bei dieser Summe haben sich ein Großteil der Mittelklasse-Elektroautos von allein refinanziert.

	Verbrenner		**Elektroauto**		
	Benziner	**Diesel**	**20 % PV-Strom**	**50 % PV-Strom**	**100 % PV-Strom**
Verbrauch pro 100 km	7,80 l	7,00 l	15,00 kWh	15,00 kWh	15,00 kWh
Kosten pro 100 km	14,04 €	12,60 €	5,56 €	3,99 €	1,39 €
Kosten pro Jahr	1.923,48 €	1.726,20 €	761,34 €	547,04 €	189,88 €
Kosten pro 20 Jahre	38.469,60 €	34.524,00 €	15.226,73 €	10.940,82 €	3.797,64 €
Ersparnis gegenüber einem Benziner	0,00 €	3.945,60 €	23.242,87 €	27.528,78 €	34.671,96 €

Durchschnittspreise 2022: Diesel 1,80 €/l ; Benzin 1,80 €/l ; Strom 0,4 €/kWh

Bei diesem Beispiel sei erwähnt, dass weitere Vorteile wie niedrigere bzw. **keine Kfz-Steuern** für Elektroautos, **weniger Reparaturen** und Inspektionen, sowie **Zukunftssicherheit** und damit ein höherer **Wiederverkaufswert** nicht berücksichtigt wurden.

Denn wer möchte in 20 Jahren noch einen Verbrenner kaufen, wenn bereits die gesamte Ersatzteilproduktion, Autohäuser und Tankstellen auf Elektromobilität umgestellt haben?

Wir sehen, dass ein Elektroauto bereits ohne eine Photovoltaikanlage lukrativ und gleichzeitig ökologisch wertvoll ist. In Kombination mit einer PV-Anlage wäre es beinahe schon fahrlässig, sich kein Elektroauto zuzulegen. Denn durch steigende Spritpreise wird es sich in Zukunft noch schneller rentieren.

Bidirektionales Laden:

Ein Elektroauto hat je nach Modell einen Akku im Bereich von 30 kWh bis hin zu 100 kWh. Weiterhin fährt der Durchschnittsdeutsche circa 13700 km im Jahr, was täglich circa 37 km bedeutet. Da kommt schnell die Frage auf, ob man nicht das E-Auto als Speicher verwenden kann. Warum soll man sich für tausende Euro einen 5–10 kWh Speicher in den Keller stellen, wenn vor der Haustür ein viel größerer Speicher steht, den man die meiste Zeit des Tages nicht benutzt?

Aus technischer Sicht ist das kein Problem. Dem Strom ist es egal, ob er aus einem Heimspeicher oder dem Akku eines Elektroautos entladen wird. Bisher kann man Elektroautos jedoch nur in eine Richtung betanken.

Wenn der Akku des Elektroautos entladen wird, spricht man vom **bidirektionalen Laden**. Das bedeuetet, dass in zwei Richtungen geladen bzw. geladen und entladen werden kann.

Jedoch gibt es noch zwei Hürden, die das bidirektionale Laden verhindern. Zum einen schmälert das Laden und Entladen des Akkus die Lebenszeit des Akkus. Deshalb blockieren viele Autohersteller diese Funktion oder geben keinen Zugang auf den Akku. Aus Sicht der Autohersteller ist das nachvollziehbar. Sie selbst haben keinen Vorteil von der bidirektionalen Ladefunktion, müssen gleichzeitig aber eine Garantie auf den Akku geben.

Als zweite Hürde ist wiederum die deutsche Bürokratie im Weg. Denn beim bidirektionalen Laden gibt es viele ungeklärte Fragen. Wie wird der gespeicherte Strom besteuert? Wie sind Haftungs- und Garantieansprüche?

Auch wenn es für die Energiewende ein großer Segen wäre, dass man bereits vorhandene Speicher verwendet, anstatt zusätzliche Speicher im Keller zu platzieren, steckt das Verwenden des E-Autos als Solarspeicher noch in den Kinderschuhen.

Zukünftig wird es sich jedoch sehr wahrscheinlich durchsetzen. Einige Autos, wie die neuen Tesla-Modelle, haben laut Insiderinformationen bereits von der Hardware her die Fähigkeit, bidirektionales Laden zu unterstützen. Bisher ist es jedoch softwareseitig gesperrt.

Zusammenfassend kann man festhalten, dass ein Elektroauto, ebenso wie eine Photovoltaikanlage, eine große Investition darstellt. Dennoch ist ein E-Auto im Unterhalt deutlich günstiger, so dass es sich über die nächsten Jahre rentiert. Vor allem in Kombination mit einer Solaranlage und zukünftigem bidirektionalen Laden können Elektroautos der Energiewende einen zusätzlichen Schub verpassen.

11.3 Die Wärmepumpe

Im Zuge der Energiewende spielt die Wärme eine noch größere Rolle als die Stromerzeugung. In Deutschland wird circa **viermal mehr** Wärmeenergie als elektrische Energie benötigt. Seit dem Jahr 2020 steht unter der Bezeichnung **Dekarbonisierung,** die Reduktion der Kohlenstoffemissionen, auch in der Wärmeerzeugung auf dem Plan. Bis zum **Jahr 2030** sollen alle Gas- und Ölheizungen durch umweltneutralere Alternativen ersetzt werden. **Wärmepumpen**, wie wir sie in den bisherigen Kapiteln bereits mehrfach angesprochen haben, spielen hierbei eine wichtige Rolle. In diesem Unterkapitel sehen wir uns an, wie eine Wärmpumpe dazu beisteuern kann, den Eigenverbrauchsanteil zu steigern.

Ein deutscher Durchschnittsverbrauch liegt bei circa **8–20 l Heizöl pro Quadratmeter Wohnfläche und pro Jahr**. Dabei kommt es vorwiegend auf die wärmedämmenden Maßnahmen und entsprechend auf das Baujahr des Wohngebäudes an. So hat ein 160 m² großes Einfamilienhaus von 1980 einen Verbrauch von 3000 l Öl pro Jahr. Ein modernes, gedämmtes Haus aus dem Jahr 2000 jedoch lediglich die Hälfte, entsprechend 1500 l.

Ein Liter Öl besitzt circa eine Energie von ungefähr **10 kWh** (9,8 kWh/l bzw. 11,4 kWh/kg). Das bedeutet, dass ein modernes Einfamilienhaus mit einem Verbrauch von 1500 l Heizöl pro Jahr ungefähr einen Wärmebedarf von **15 000 kWh** benötigt. In der Realität muss der Wirkungsgrad des Heizkessels von circa 10–15 % abgezogen werden. Das bedeutet, dass eine effektive Heizenergie von circa 13 500 kWh benötigt wird.

Eine Wärmepumpe hat eine **Jahresarbeitszahl von 3 bis 5**. Die Jahresarbeitszahl gibt an, wie viel Wärmeenergie aus einer kWh elektrischer Energie im Jahresmittel erzeugt werden kann.

Bei einer Jahresarbeitszahl von 4 erzeugt eine Wärmepumpe im Jahresmittel entsprechend 4 kWh Wärmenergie aus einer kWh elektrischer Energie. Für das obige Beispiel von 13 500 kWh Wärmeenergie würde man mit einer Jahresarbeitszahl von 4 entsprechend 3375 kWh elektrische Energie benötigen.

Die Jahresarbeitszahl hängt stark von den Gegebenheiten, beispielsweise der Temperaturdifferenz, von Vorlauftemperatur und Außentemperatur ab. Denn eine Wärmepumpe ist effizienter, wenn sie das Brauch- oder Heizwasser nicht so stark erhitzen muss, wie es beispielsweise eine Gasheizung tut. Entsprechend benötigt man für einen effizienten Betrieb großflächige Heizkörper, wie eine Bodenheizung oder spezielle Heizkörper.

Auch existieren verschiedene Wärmepumpenkonzepte, beispielsweise die Sole-Wasser-Wärmepumpe, welche die Wärmeenergie aus dem Grundwasser zieht oder die Luft-Luft-Wärmepumpe, was praktisch einer einfachen Klimaanlage gleicht.

Die meisten Wärmepumpen werden als Luft-Wasser-Wärmepumpe verbaut. Dabei steht vor oder am Haus ein großer Lüftungskasten. Vor allem in Neubaugebieten sind diese häufig zu sehen.

Ohne detailliert auf die Technik der Wärmepumpen einzugehen, kann durch eine Wärmepumpe der Heizbedarf durch elektrische Energie gedeckt werden.

Durch den höheren Stromverbrauch wird automatisch der Eigenverbrauch erhöht. Der positive Nebeneffekt ist, dass wir sowohl den Wärmesektor umweltfreundlicher gestalten und gleichzeitig die absolut benötigte Energie reduzieren.

Auch wirtschaftlich ist eine Wärmepumpe lukrativ. Der durchschnittliche Ölpreis liegt im Jahr 2022 bei 118 Cent. Da ein Liter circa 10 kWh benötigt, bedeutet das, dass wir für eine kWh aus Öl circa 11,8 Cent zahlen.

Gasheizungen, wie sie in 50 % der Gebäude verwendet werden, schnitten in der Vergangenheit etwas besser ab. Bei Gas lag der Preis umgerechnet auf eine kWh Wärmeenergie lange bei 7,5 ct. Das entspricht einem Gaspreis von circa 50 ct/l Gas. Seit der Energiekrise 2022 sind die Preise auf über 13 ct/kWh gestiegen.

Da mit einer Entspannung zu rechnen ist, nehmen wir einen konservativen Preis von 10 ct/kWh sowohl für Gas als auch für Heizöl an. Falls die Entspannung nicht eintreten sollte, ist das noch vorteilhafter für die Wärmepumpe und die folgenden Berechnungen.

Mit einer Wärmepumpe und einer durchschnittlichen Arbeitszahl von 4, wird aus einer kWh elektrischer Energie 4 kWh Wärme erzeugt. Das bedeutet, dass wir für eine kWh Wärme lediglich 0,25 kWh elektrische Energie benötigen. Bei einem Strompreis von 40 Cent/kWh liegen wir bei circa 10 ct/kWh.

Mit konventionellem Strom liegt die Wärmepumpe gleichauf bzw. minimal unter einer Ölheizung und einer Gasheizung. Jedoch muss man die höheren Anschaffungskosten der Anlage berücksichtigen. Allerdings haben wir die schlechten Wirkungsgrade der Heizanlagen vernachlässigt, so dass sich die Wärmepumpe vor allem über die Zeit und bei stark steigenden Öl- und Gaspreisen rentieren wird.

Anders sieht es jedoch aus, wenn wir Betreiber einer PV-Anlage sind. Auch hier ist das Dilemma wiederum, dass man Wärme vor allem im Winter benötigt, während die Sonne weniger intensiv scheint. Dennoch kann ein erheblicher Teil der Wärmeenergie durch Solarstrom produziert werden. Beispielsweise kann eine Fußbodenheizung auch tagsüber aufgeheizt werden und hält die Wärme über die Nacht. Dadurch kann die Wärmepumpe teilweise das ganze Jahr eingesetzt werden und in den Frühlings- und Herbstmonaten noch einen Großteil der Wärme bereitstellen.

Auch hier setzen wir eine Tabelle zum Vergleich von Wärmepumpe, Öl- und Gasheizung an.

Wieder gehen wir von verschiedenen Szenarien aus. Auch wenn es aus den eben angeführten Argumenten nahezu unmöglich ist, dass die Wärmepumpe zu 100 % aus der PV-Anlage betrieben werden kann, schauen wir uns die maximale Ersparnis an. Durch moderne Dämmmaßnahmen, Großflächenheizungen, einem Stromspeicher und eine intelligente Überschussstromnutzung kann man diesem Optimalwert näherkommen.

			Wärmepumpe		
	Ölheizung	**Gasheizung**	**20 % PV-Strom**	**50 % PV-Strom**	**100 % PV-Strom**
Verbrauch Jahr	1531 l	2283 l	3375 kWh	3375 kWh	3375 kWh
Kosten pro Jahr	1.500 €	1.507 €	921 €	682 €	284 €
Kosten pro 20 Jahre	30.000 €	30.137 €	18.414 €	13.635 €	5.670 €
Ersparnis gegenüber einer Ölheizung	0 €	-137 €	11.586 €	16.365 €	24.330 €

Durchschnittspreise 2022: Öl 98 ct/l ; Gas 66ct/l ; Kesselwirkungsgrad 90 % ; Strom 0,4 €/kWh

Auch hier sind viele Variablen vorhanden, beispielsweise die Jahresarbeitszahl, welche im Beispiel zu 4 angenommen wurde, jedoch im Bereich von 3–5, bei schlecht gedämmten Altbauten auch unter 3 liegen kann.

Weiterhin können wir bei Verwendung der Durchschnittswerte auch hier sehen, dass die Wärmpumpe über eine Lebensdauer von 20 Jahren große Kostenvorteile mit sich bringt und sich damit amortisiert. Außerdem werden dadurch fossile Energieträger zum großen Teil durch regenerativen Strom ersetzt.

Aus diesem Grund möchte die Bundesregierung bis zum Jahr 2026 alle bestehenden Gas- und Ölheizungen gegen umweltneutrale Alternativen austauschen.

Deshalb gilt es, sich beim Kauf einer Wärmepumpe nach eventuellen Förderungen umzusehen. Teilweise werden sogar Maßnahmen zur Energieeffizienz, wie die Dämmung eines Daches oder die Installation einer Fußbodenheizung, gefördert.

Wir sehen, dass wir mit Hilfe von verschiedenen Verbrauchern, eines Elektroautos und einer Wärmepumpe den Eigenverbrauchsanteil erhöhen können und dabei Geld sparen. Unterstützt werden beinahe alle Maßnahmen durch die KfW oder andere Institute.

Jedoch haben wir in den Beispielen, allein durch das E-Auto und die Wärmepumpe, einen zusätzlichen Bedarf von knapp 5000 kWh.

Deshalb kommen wir zum nächsten „Trick", welcher sowohl den Eigenverbrauch erhöht, ungeachtet dessen, ob man zusätzliche Verbraucher wie ein E-Auto oder eine Wärmepumpe in Betrieb hat.

11.4 Mehr Photovoltaikleistung

Ein weiterer Trick oder mehr eine logische Schlussfolgerung ist, dass man die Photovoltaikanlage deutlich über den bisherigen Verbrauch dimensioniert. Das hat zum einen den Grund, dass die Anlage dann pro installieren kWp an Leistung deutlich günstiger wird und zum anderen, dass dadurch der Autarkiegrad automatisch steigt. Das liegt vor allem daran, dass in den Wintermonaten mehr Leistung vorhanden ist. Im Sommer wird entsprechend deutlich überproduziert, jedoch rechnen sich die meisten Anlagen allein durch die Einspeisevergütung und die Erhöhung des Autarkiegrades von allein.

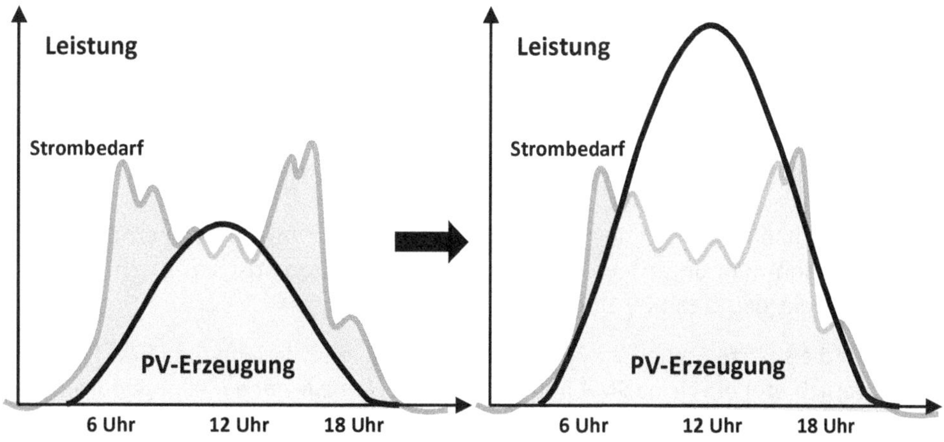

Abbildung 62 Erhöhung des Autarkiegrades durch zusätzliche PV-Module

Auch hier gilt der Merksatz, dass man möglichst **das gesamte Dach mit PV-Modulen bestücken soll**. Sogar flache Nord-Dächer sind häufig rentabel. Ökologisch gesehen macht es erst Sinn sich über die Speicherung Gedanken zu machen, wenn Energie im Überfluss produziert wird.

Dabei ist zu beachten, dass der Eigenverbrauchsanteil durch die höhere PV-Leistung sinkt. Das klingt im ersten Moment etwas widersprüchlich, ist aber nur logisch.

Um das zu verstehen, nehmen wir ein konkretes Beispiel an, bei dem wir jährlich **5000 kWh** verbrauchen und eine **10 kWp Anlage** installiert haben. Diese produziert jährlich 10 000 kWh Energie. Davon können wir im Beispiel lediglich 2000 kWh selbst nutzen, was einem Eigenverbrauch von 20 % und einem Autarkiegrad von 40 % entspricht.

Als Nächstes vergrößern wir die Anlage gedanklich auf **20 kWp** und entsprechend 20 000 kWh jährlicher Globalstrahlung.

Als Resultat können wir nun beispielsweise 3000 kWh statt zuvor 2000 kWh selbst verbrauchen. Der Autarkiegrad ist entsprechend von 40 % auf 60 % gestiegen.

Der Eigenverbrauchsanteil bezieht sich jedoch auf die maximale Energiemenge, welche die Solaranlage erzeugt. Diese liegt bei 20 000 kWh statt zuvor 10 000 kWh. Demnach ist der Eigenverbrauchsanteil von 20 % auf 15 % gesunken.

! Der Eigenverbrauchsanteil ist daher nicht immer ein sinnvolles Maß, um die Sinnhaftigkeit einer Anlage zu klassifizieren.

Als Letztes schauen wir uns einige Technologien an, die es uns ermöglichen, den Sonnenstrom genau dann zu verbrauchen, wenn er im Überschuss vorhanden ist.

11.5 Umsetzung durch smarte Steuerung

Bisher haben wir gesehen, welche Faktoren den Eigenverbrauch erhöhen. Aber wie kann man unter anderemdie Verbraucher automatischen zuschalten oder das Elektroauto mit PV-Überschuss laden?

Für die smarte Steuerung von Geräten gibt es verschiedene Anbieter. Beispielsweise bietet die Firma *SMA* mit einem *Sunny Home Manager* ein System an, welches den aktuellen Ertrag der PV-Anlage auswerten und den Verbrauch des Hauses dagegen rechnen kann. Mittlerweile bieten auch viele andere Anbieter, wie *Smartfox* mit dem *energy manager,* solch ein Überwachungssystem an. Die meisten Wechselrichter haben bereits einige Standard-Funktionen, wie die Anzeige der aktuellen Leistungsdaten oder Schnittstellen für andere Geräte integriert.

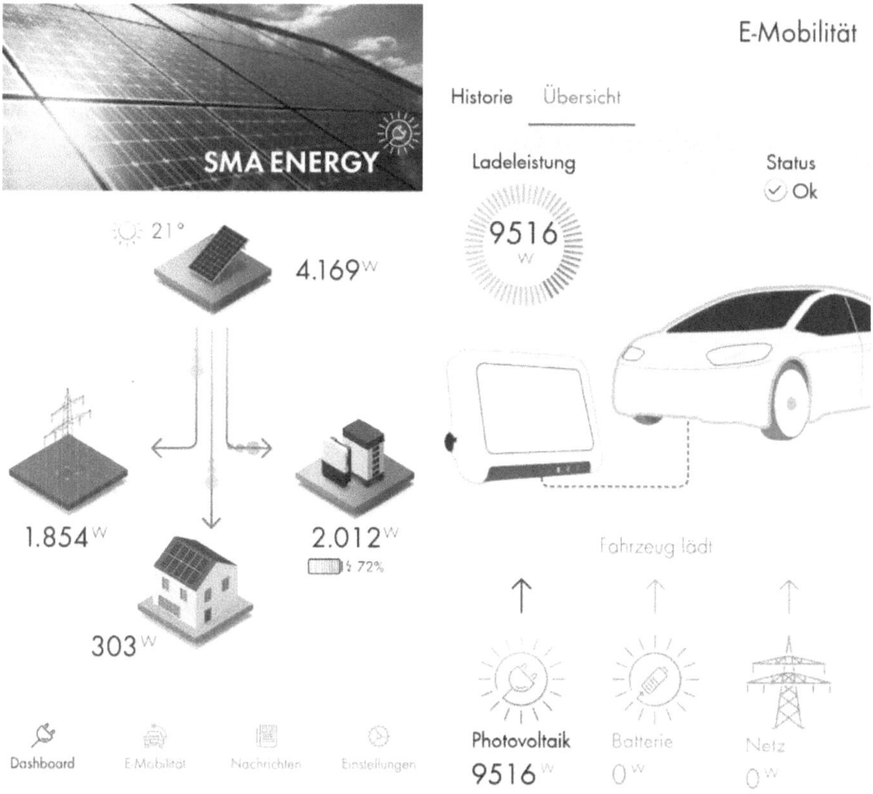

Abbildung 63 Übersicht des Bezugs und Verbrauchs mit Hilfe der SMA Energy App

Passend dazu wurden in den vergangenen Jahren vermehrt smarte Wallboxen zum Laden des Elektroautos auf den Markt gebracht.

Entweder regelt man den Ladestrom selbst, oder die Box verfügt über ein **Freigabesignal**. Dieses wird an den Wechselrichter oder den Smart Meter angeschlossen und startet den Ladevorgang der Wallbox, sobald ein Energieüberschuss vorhanden ist. Dafür muss die Wallbox nicht hochpreisig sein. Ein Beispiel für ein günstiges Wallboxmodell ist die *Heidelberg Home Eco, die Keba KeConnect* oder die *Mennekes Amtron Wallbox*. Diese Wallboxen sind bereits für 400 € bis 800 € zu bekommen und besitzen je nach Modell solch externe Ansteuerungsfunktion.

Auch mobile Ladelösungen, wie die *go-e Charger,* verfügen in vielen Modellen über ein Start-Stopp-Ladesignal. Zu beachten ist, dass ein zusätzliches Kabel, oftmals ein LAN-Kabel, verlegt werden muss. Alternativ sind viele Wallboxen mittlerweile W-LAN-fähig.

Neben der Steuerung der Ladeleistung durch die Wallbox gibt es auch wallboxunabhängige Lösungen, welche jedoch meistens für spezielle Modelle entwickelt wurden. Beispielsweise kann man sich über *ev-autocharge.com* registrieren und sein *Tesla Model 3* per Überschussladen betanken.

Dabei kann die Wallbox, je nach Modell, den Ladestrom intelligent einstellen und stets an den aktuellen Sonnenstand anpassen.

Die Nennung der genannten Lösungen soll keine Kaufempfehlung darstellen. Mittlerweile gibt es unzählige Anbieter mit verschiedenen Lösungsansätzen und verschiedenen Vor- und Nachteilen. Ob die Wallbox oder das Smartsystem zu den Bedürfnissen passen, das muss man separat in Erfahrung bringen.

Alternativ sind komplette Systeme, bestehend aus einem Wechselrichter, einem Speicher und intelligenter Hardware auf dem Markt. Ein Beispiel hierfür ist die Firma *e3DC*, welche mit ihrer *Hauskraftwerk*-Serie fertige Komplettsysteme anbieten, zu denen ebenfalls eine passende Wallbox verfügbar ist.

Bei diesen Lösungen werden oftmals Programmierkenntnisse benötigt. Deshalb empfiehlt es sich bei der Planung einer PV-Anlage, den Solarteur auf das Thema des Überschussladens anzusprechen.

Neben dem Anbinden des E-Autos können auch weitere Verbraucher, wie die Wärmepumpe, intelligent angesteuert werden. Beispielsweise über das **KNX-Protokoll**, welches momentan das Standard-Bussystem für *Smart Home*-Anwendungen darstellt. Ähnliche Schnittstellen bieten neue Küchengeräte, wie eine Geschirrspülmaschine. Ist das nicht der Fall, sind smarte Steckdosen auf dem Markt zu finden. Diese können ebenfalls in das Smarte System eingebunden und bei einem vordefinierten Leistungsüberschuss der PV-Anlage eingeschaltet werden.

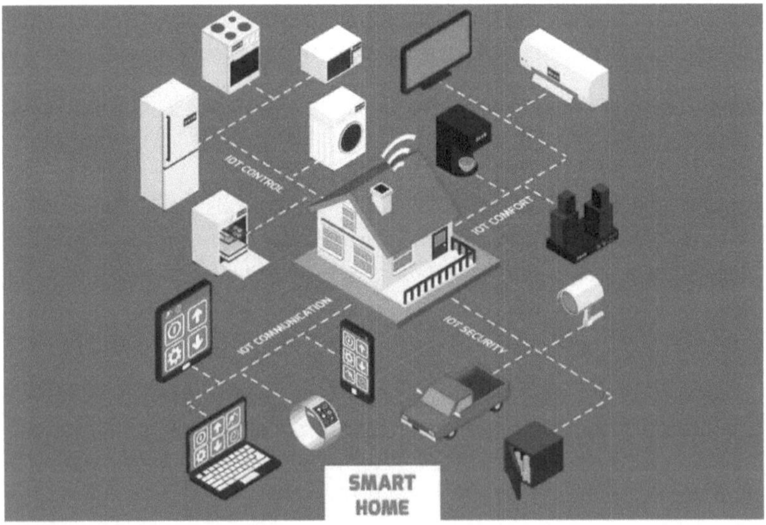

Abbildung 64 -2 Smart Home

Wenn es nicht im Arbeitsbereich des Solarteurs liegt, muss man sich an Elektrikerfirmen oder Smarthome-Installateure wenden, die bereits Erfahrung mit der Einbindung von smarten Wallboxen besitzen.

Je nach Technikaffinität und Bedürfnissen im Hinblick auf den Umfang, kann die Smartifizierung des Wohngebäudes schnell Auswüchse annehmen. Häufig ist die Fokussierung auf das E-Auto, die Wärmepumpe und ggf. noch Geschirrspüler, Waschmaschine und Trockner mehr als ausreichend. Durch die smarten Systeme kann man meistens für geringere Kosten als für einen vergleichbaren Energiespeicher seinen Autarkiegrad erhöhen.

Zusammenfassend kann man sagen, dass die gezeigten Maßnahmen teilweise leicht umzusetzen sind, teilweise werden zusätzliche Geräte benötigt. Das ist mit zusätzlichen Kosten und Aufwand verbunden. Viele Maßnahmen sind jedoch auch ohne die Intention des Erhöhens des Eigenverbrauchs sinnvoll, beispielsweise die energetische Dämmung des Wohngebäudes. Auch steigert die Anschaffung einer Wärmepumpe oder einer Ladestation den Wert des Hauses und ist zukunftssicherer als eine Öl- oder Gasheizung oder ein Verbrennerauto.

Zudem werden dafür aktuell verschiedene Förderungen und kostengünstige Kredite angeboten. Der Fokus auf der Eigenverbrauchserhöhung ist heutzutage auch wirtschaftlich meist die bessere Alternative als das Anschaffen einer Batterie.

Die Symbiose aus den genannten Maßnahmen, wie einer smarten Energiesteuerung, maximaler PV-Bedeckung des Daches, einem Elektroauto und einer Wärmepumpe erhöhen den Autarkiegrad auf bis zu 50–70 %, ohne die Verwendung eines zusätzlichen Speichers.

Das bedeutet erneut nicht pauschal, dass Batteriespeicher nicht sinnvoll sein werden. Ein kleiner Speicher kann die Autarkie zusätzlich um 10–20 % erhöhen, und kann mit Förderungen auch wirtschaftlich betrieben werden.

Zukünftig werden Batteriespeicher benötigt und auch in großen Maßstäben eingesetzt werden. Momentan ist der wissenschaftliche Konsens jedoch, dass sich Speicher meistens nicht rentieren. Bei fallenden Speicherpreisen, deutlich steigenden Energiepreisen oder Subventionen der Politik kann sich das jedoch ändern und muss von Falls zu Fall entschieden werden.

Damit sind wir bereits am Ende der theoretischen Grundlagen angelangt. Als Letztes schauen wir uns noch einige konkrete Beispiele an, wie man anhand eines konkreten Angebots errechnen kann, ob sich eine Anlage oder der Speicher lohnt und was es dabei zu beachten gibt. Auch schauen wir uns eine einsteigerfreundliche Möglichkeit für Mieter an, um ebenfalls vom Sonnenstrom profitieren zu können.

12 Praxisbeispiele

Wir haben bereits alle technischen Hintergründe, Sicherheitsaspekte und bürokratische Regelungen betrachtet. Im Folgenden werden wir exemplarisch verschiedene Szenarien für Photovoltaikanlagen auslegen. Das erste Beispiel dient der Auffrischung des elektrischen Verständnisses, beispielsweise wie Energie und Leistung zusammenhängen und wie die Komponenten miteinander interagieren. Wer sich lediglich über die Planung des eigenen Gebäudes informieren möchte, kann dieses Beispiel überspringen.

Wir beginnen mit einem Projekt, um die Stromversorgung eines Wohnmobils sicherzustellen.

12.1 Photovoltaik für das Wohnmobil

Ein mobiles Zuhause, sei es ein Wohnmobil oder ein umgebauter VW-Bus, wird seit vielen Jahren immer beliebter.

Ein fahrbares Zuhause symbolisiert Freiheit und Unabhängigkeit. Jedoch benötigen wir auch unterwegs jede Menge elektrische Energie.

Als erstes Praxisbeispiel widmen wir uns deshalb der Auslegung der Stromversorgung eines solchen Wohngefährtes. Das Beispiel bezieht sich auf ein Wohnmobil, welches autark im Grünen abgestellt wird, und demnach keinen Anschluss an das öffentliche Stromnetz besitzt.

Das folgende Beispiel ist sehr technisch gehalten und ist für die Umsetzung, beispielsweise einer Photovoltaikanlage auf einem Einfamilienhaus, nicht zwingend notwendig zu verstehen. Dennoch ist es für das gesamtheitliche Verständnis, auch für die weiteren Beispiele, eine Hilfe.

Als Erstes müssen wir den Stromverbrauch bestimmen. Bei einem Einfamilienhaus können wir den Verbrauch am Stromzähler ablesen, bei einem Wohnmobil oder Camping Bus ist das nicht der Fall. Deshalb müssen alle Verbraucher identifiziert und der absolute Verbrauch berechnet werden. Die Leistungsaufnahmen sind auf den Typenschildern zu sehen und häufig in Watt angegeben.

Beispielsweise wird ein Miniaturkühlschrank mit einer Leistungsaufnahme von 45 W verwendet. Dieser soll 12 Stunden am Tag laufen. Zusätzlich sollen zwei Smartphones geladen werden und vieles mehr. Um die Energie zu erhalten, müssen wir die Leistung in Watt mit der Anzahl der Stunden multiplizieren. Wir erinnern uns an die Grundlagen zurück, dass sich die verbrauchte Energie aus der Leistung multipliziert mit der Zeit ergibt.

$$E = P \cdot t$$

Die Werte unterscheiden sich von Anwender zu Anwender sowie von der Jahreszeit. Im Winter wird mehr Licht benötigt, dafür ggf. kein Kühlschrank

Die folgende Tabelle zeigt beispielhaft durchschnittliche Verbraucher.

Gerät	Verbrauch	Stunden pro Tag	Energie pro Tag
Laptop-Ladegerät	60 W	3 h	180 Wh
Handy-Ladegerät (Quickcharge)	15 W	2 h	30 Wh
Mini-Kühlschrank	45 W	12 h	540 Wh
3x LED-Beleuchtung	5 W	4 h	20 Wh
Kaffeemaschine	400 W	0,25 h	100 Wh
TV	70 W	1 h	70 Wh
Gesamt			**940,00 Wh**

Wir erhalten einen Gesamtenergiebedarf von 940 Wh pro Tag.

Anhand dieses Wertes kann die Batterie ausgelegt werden. Das hängt maßgeblich davon ab, wo und wann wir die Anlage verwenden.

Neben der **Kapazität** muss auch die **Leistung** der Batterie passen. Wenn wir beispielsweise alle Verbraucher gleichzeitig betreiben möchten, ergibt das eine Leistungsaufnahme von **595 W**. Diese Leistung muss sowohl die Batterie als auch der Wechselrichter bereitstellen.

Wenn wir davon ausgehen, dass im schlimmsten Fall **2–3 Tage keine Sonne** scheint, beispielsweise wenn wir in Norwegen im Winter campen, muss die Batterie entsprechend **2-3-mal** so groß wie der tägliche Bedarf gewählt werden.

Die errechnete Kapazität berechnet sich dabei auf die nutzbare Kapazität der Batterie. Bei 12 V-AGM Batterien ist beispielsweise nur 60 % der Kapazität nutzbar, bei Lithiumzellen circa 90 %. Dazu kommen Verluste beim Laden und Entladen in Höhe von 20 bis 30%.

Das Beispiel für drei Tage ohne Sonneneinstrahlung mit einem Lithium-Akku ergibt sich wie folgt:

$$\text{Benötigte Batteriekapazität} = 940\frac{\text{Wh}}{\text{Tag}} \cdot 3\,Tage \cdot 1{,}3 = 3{,}66\,kWh$$

Eine 3,6 kWh Batterie auf Lithiumbasis liegt im Bereich von mehreren Tausend Euro. Es macht daher oftmals Sinn, **nicht** von dem Worst-Case-Fall auszugehen, sondern auf einen Durchschnittswert mit Sicherheitspuffer.

Dadurch kann es unter sehr schlechten Umständen dazu kommen, dass die Batterie leerläuft. Außerdem kann man seinen Verbrauch runterschrauben, wenn man sieht, dass sich die Batterieladung dem Ende zuneigt.

In diesen Fällen rentiert es sich jedoch oftmals eine Ladestation zu suchen oder den Akku anderweitig zu laden, anstatt im Vorhinein die Batterie für diese Szenarien zu dimensionieren und zusätzlich mehre hundert bis tausende Euros auszugeben.

Falls man jedoch keine andere Wahl hat, beispielsweise weil man beruflich auf den Strom angewiesen ist, dann muss die Batterie entsprechend groß und teuer gewählt werden.

Für den beschriebenen Fall wäre ein 1,5 - 2 kWh Speicher deutlich sinnvoller. Dieser kann durch **drei parallelgeschaltete 12 V Bleispeicher** mit einer nutzbaren Kapazität von knapp 685 Wh ($95\,Ah \cdot 12\,V \cdot 0{,}6 = 700 \;\approx 685\,Wh$) realisiert werden.

Wenn kein Kühlschrank vorhanden wäre, würde sogar ein 0,5-0,7 kWh Speicher ausreichen. Dafür würde bereits eine einzige Batterie ausreichen.

Normale Nutzer, welche die Energie lediglich benötigen, um von einem Campingplatz auf den nächsten zu fahren, vorzugsweise im Sommer in sonnigen Ländern, werden mit einem Akkuspeicher von **unter einem kWh** auskommen. Die meisten „Standard-Camper" verwenden eine oder zwei Batterien mit entsprechend 685 Wh oder 1,37 kWh nutzbarer Speicherkapazität. Camping-Akkus auf Lithiumbasis werden im Bereich 0,5 -0,8 kWh angeboten.

Als Letztes wird die Leistung der Solaranlage bestimmt. Dabei soll die Anlage **im Durchschnitt den Tagesverbrauch** bereitstellen. Der Ertrag der PV-Anlage hängt wiederum von den Sonnenstunden ab.

Die Anzahl der Sonnenstunden kann man in diversen Wetterdiensten ausfindig machen. In Italien im Sommer liegen diese bei mehr als 12 Stunden, in Deutschland im Durchschnitt über das Jahr bei 4,3 Stunden.

Diese Zahl verwenden wir für die Errechnung der Größe des Solarpanels.

Da die Sonne auch innerhalb dieser 4,3 Stunden nicht immer optimal auf das Panel scheint, rechnen wir auch hier einen **Sicherheitspuffer von 30 %** ein.

Damit der Energiebedarf von 940 Wh pro Tag innerhalb von 4,3 h erzeugt werden kann, müssen die Solarpanels eine Leistung ergeben, die sich berechnet zu:

$$P = \frac{940 \text{ Wh}}{4{,}3h} \cdot 1{,}3 = \mathbf{284\ Wp}$$

Damit reicht meistens bereits **ein einzelnes Solarmodul** für die Versorgung des Mobiles.

In der Realität empfiehlt es sich ein **300–350 W** Modul zu verwenden, abhängig vom Standort.

Nachdem die Leistungsdaten bekannt sind, kann man die konkreten Komponenten zusammensuchen. Beim Wechselrichter und Laderegler gibt es zwei Optionen. Die Erste ist, dass man selbst einen passenden Laderegler für die Akkus und Wechselrichter zusammensucht. Dadurch kann man in der Regel Geld sparen, jedoch sind viele Funktionen nicht gegeben, und man muss die Komponenten selbst verkabeln.

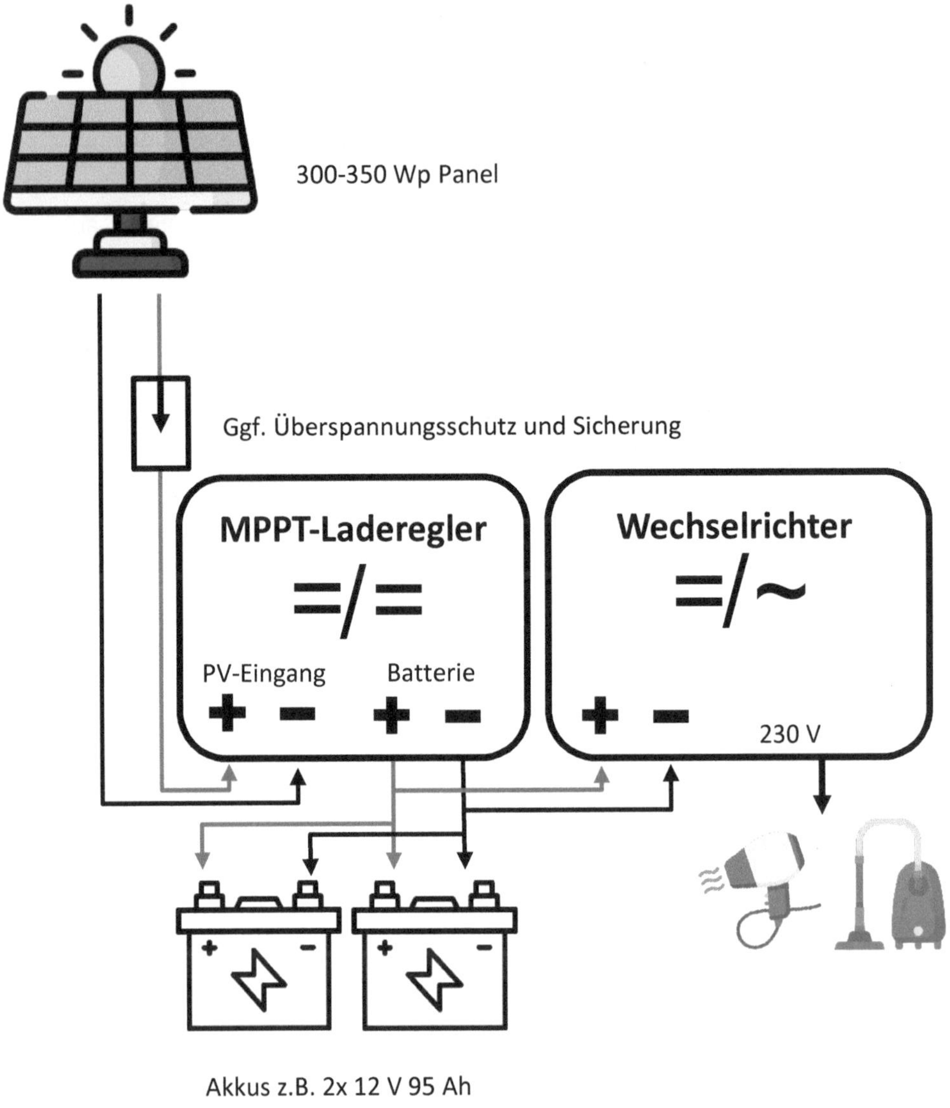

Abbildung 65 Schaltplan einer Photovoltaikanlage für die Versorgung eines Wohnmobils

Alternativ gibt es **Plug-and-Play Lösungen**, die bereits eine Batterie, einen Laderegler und einen Wechselrichter vereinen. Oftmals bieten diese Lösungen zusätzliche Optionen, wie USB-Anschlüsse zum Handyladen oder ein Display mit dem aktuellen Anzeigestand. Entsprechend liegen diese Systeme bei circa **1000–1200 € pro kWh**.

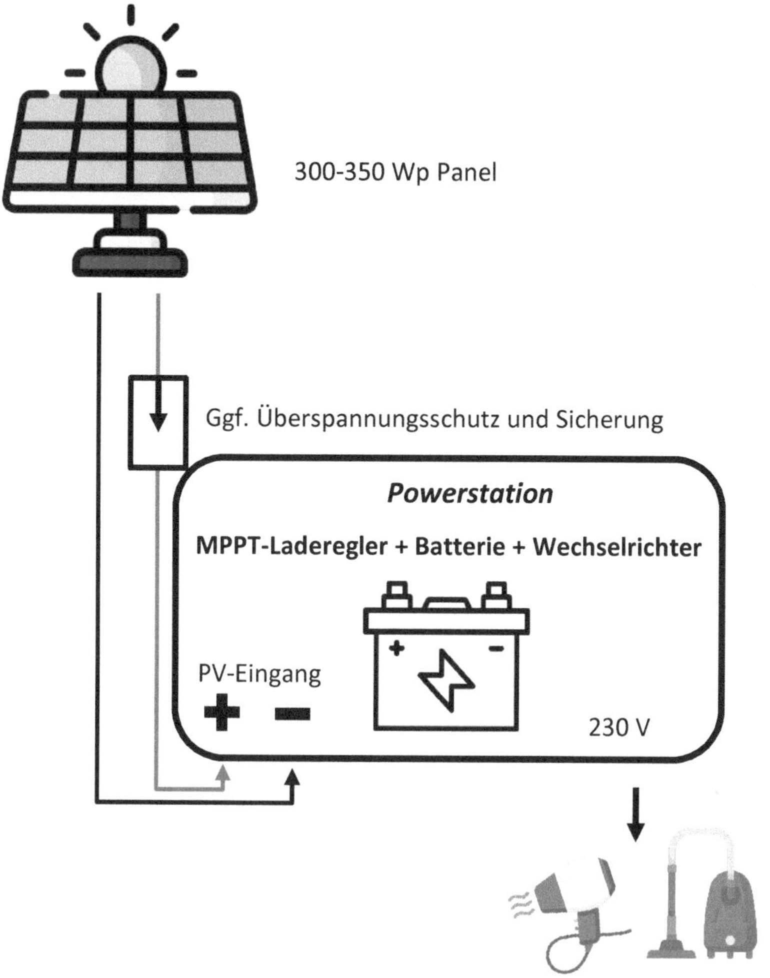

Abbildung 66 Schaltplan einer Photovoltaikanlage mit Powerstation

Oftmals haben diese **Powerstationen** keine genormten MC4-Anschlüsse, um die Photovoltaikmodule anzuschließen, sondern es werden spezielle Solarpanels oder zusätzliche Adapter benötigt.

Damit beenden wir das erste Beispiel. Wir sehen, dass es kein Hexenwerk ist, die Kapazität der Batterie und die Leistung der Anlage berechnen zu können.

Als Nächstes schauen wir uns eine Solaranlage an, die vor allem die **Grundlast** im Gebäude reduzieren kann.

12.2 Photovoltaik für Mieter und Einsteiger

Wir haben gesehen, dass eine Photovoltaikanlage viele bürokratische Hürden mit sich bringt. Man benötigt einen zusätzlichen Zähler, ein Smart Meter und vieles mehr.

Theoretisch ist es jedoch möglich, den Strom direkt in eine einfache Steckdose einzuspeisen. Im ersten Moment widerspricht das dem Instinkt, dass man aus einer Steckdose nicht nur Strom ziehen kann, sondern auch einspeisen. Aber physikalisch gesehen ist es für die Kontakte der Steckdose belanglos, in welche Richtung der Strom fließt.

Bei kleinen Leistungen sind der Einfluss auf das öffentliche Stromnetz und der potenzielle Ertrag sehr gering. Daher müssen auch keine technischen Zusatzeinrichtungen wie Zähler verbaut werden. Deshalb dürfen bis zu einer einspeisenden Leistung von bis zu **600 W** sogenannte **Balkonkraftanlagen** oder **Balkonkraftwerke** verbaut werden. Eine Balkonkraftanlage ist eine **Mini-Solaranlage**, welche meistens aus lediglich 1–2 Modulen und einem Wechselrichter besteht. Die maximale Leistung ist auf 600 W begrenzt.

Stand Q1/2023 ist die Erweiterung der Grenze auf 800 Wp geplant, jedoch ist es noch nicht beschlossen. Vor Kauf ist es ratsam sich nach der aktuellen Gesetzeslage zu informieren. Im Rahmen dieses Buches wird mit einer 600 Wp Anlage gerechnet.

Abbildung 67 Balkonkraftwerk

In den Anfangsjahren der PV-Anlagen wollten auch Mieter und Privatleute von der Kraft der Sonne profitieren. Deshalb montierten sie an ihre Balkone oder auf das Dach des Gartenhauses ein bis zwei Solarpanels und schlossen sie, ohne Genehmigung oder Abstimmung mit dem Netzbetreiber, an ihr Hausstromnetz an. Die Begründung war, dass die Leitungen nach dem Hausanschluss des Netzes, sprich die gesamte private Hauselektronik, nicht mehr im Hoheitsgebiet der Netzbetreiber oder Stromversorger liegen. Die Bürger wollen auch keine Einspeisevergütung für den eingespeisten Strom, sondern lediglich den Großteil der erzeugten Energie selbst nutzen und die Energiewende vorantreiben.

Die Balkonkraftwerke werden daher als **Bürgersolaranlagen** oder als **Guerilla PV** bezeichnet.

Guerilla kommt aus dem Spanischen und heißt übersetzt so viel wie „kleiner Krieg". Es bezeichnet einen Kampf einer kleinen Gruppe, hier die Bürger, die gegen eine Übermacht, hier symbolisiert durch die Bürokratie, die Netzbetreiber und Energieversorger, kämpfen.

Auch wenn der Begriff die Lage deutlich dramatisiert, wurde der Unmut der Bürger und Mieter wahrgenommen.

Als „Kompromiss" werden kleine Anlagen bis zu einer Größe von 600 W als Balkonkraftanlagen genehmigt. Diese müssen jedoch ordnungsgemäß installiert, und es müssen die gängigen Sicherheitseinrichtungen beachtet werden.

Es kann keine Einspeisevergütung beantragt werden. Auch andere Formalitäten wie die 70 % Regel finden keine Anwendung.

600 W sind in der Regel sehr wenig Leistung und werden nur einen sehr kleinen Teil des Energiebedarfs abdecken. Dennoch gibt es in jedem Haus viele Verbraucher, wie einen Kühlschrank oder Standby Geräte, die eine gewisse Grundlast darstellen. In der Regel liegt diese bei 150–300 W. Und genau diese Grundlast kann durch eine Balkonkraftanlage reduziert werden.

Durch die einfache Installation, die damit reduzierten Kosten und den hohen Eigenverbrauchsanteil durch die Grundlast ist eine Balkonkraftanlage in der Regel sehr rentabel. Die Amortisationszeit liegt meistens unter 10 Jahren.

Die Ersparnis ist absolut gesehen nicht ausschlaggebend. Vielmehr ist es das Gefühl, dass man ebenfalls Teil der Energiewende ist, sei es auch nur im kleinen Maßstab.

Balkonkraftanlagen tragen einen großen Teil dazu bei, dass Photovoltaik **sichtbarer** wird und dadurch Solaranlagen **gesellschaftsfähiger** werden.

Technisch gesehen besteht eine Balkonanlage aus einem oder mehreren Solarpanels. Diese werden über einen Mikrowechselrichter an eine Steckdose angeschlossen. Die Spitzenleistung der Module ist dabei nicht ausschlaggebend, sondern die maximale Leistung des Wechselrichters. Beispielsweise kann man Solarpanels mit insgesamt 650 Wp verbauen, jedoch einen Wechselrichter, der maximal 600 W einspeisen kann.

Als konkretes Beispiel verwenden wir zwei monokristalline Solarmodule mit einer Leistung von jeweils 325 W. Die Module bestehen aus 60 einzelnen, in Serie geschalteten Zellen.

Die Leerlaufspannung liegt bei 40,3 V, der Kurzschlussstrom bei 10,31 A. Die Spannung im maximalen Power Point liegt bei 32,8 V, der Strom bei 9,82 A.

Technische Daten des Moduls: Abmessungen ca.: 1640 mm x 990 mm x 35 mm
Zellen: 156 × 156 mm, 60 Monokristalline Zellen, Class A
Gewicht: ca. 19,5 kg
Nennleistung: 325 Wp
MPP-Spannung: 32,8 V
MPP-Strom: 9,82 A
Leerlaufspannung: 40,30 V
Kurzschlussstrom: 10,31 A

Der Wirkungsgrad der Module liegt bei circa 18 %. Das ist vergleichsweise wenig, jedoch ist es für ein Balkonkraftwerk nicht ausschlaggebend, ob die Module auf Grund des geringeren Wirkungsgrades 5 cm breiter oder höher sind als ein Modul mit der gleichen Leistung, aber eines höheren Wirkungsgrades. Es werden schließlich nur 2 Module verbaut.

Das Paneel wird mit MC4-Verbindern und mit einer Kabelquerschnittsfläche von 4 mm^2 angeboten. Bei einem maximalen Strom von 10 A pro Panel müssen wir uns keine Gedanken über ein dickeres Kabel machen.

Als Wechselrichter wird ein Mikro-Wechselrichter von der Firma *ENVERTECH* verwendet. Dieser ist für eine Modulleistung von bis zu 740 W ausgelegt, demnach vollkommen ausreichend für unsere 650 W Panelleistung. Die Ausgangsleistung ist dabei auf 560 W begrenzt. Dadurch ist die 600 W Grenze für Balkonkraftanlagen eingehalten.

Alternative Mikrowechselrichterhersteller sind beispielsweise die Firmen *SolaX, Growatt* und viele weitere.

Der Wechselrichter, den wir uns genauer anschauen, besitzt weiterhin **zwei unabhängige MPP-Tracker**. Bei lediglich zwei Solarmodulen sind zwei verschiedene MPP-Tracker nur dann notwendig, wenn die Module in verschiedene Richtungen ausgerichtet sind.

Man kann den Wechselrichter mit einer Spannung von mindestens 18 V und maximal 54 V betreiben. Das bedeutet, dass wir unser Panel nicht in Reihe an den Wechselrichter schalten können, denn dabei wäre die Spannung über 80,6 V (40,3 V pro Panel).

Da der Wechselrichter zwei Eingänge besitzt, müssen wir die Module weder parallel noch seriell verschalten. Jedes Modul wird an einen Eingang angeschlossen. Mit Hilfe der MC4 Verbinder ist das einfach und ungefährlich.

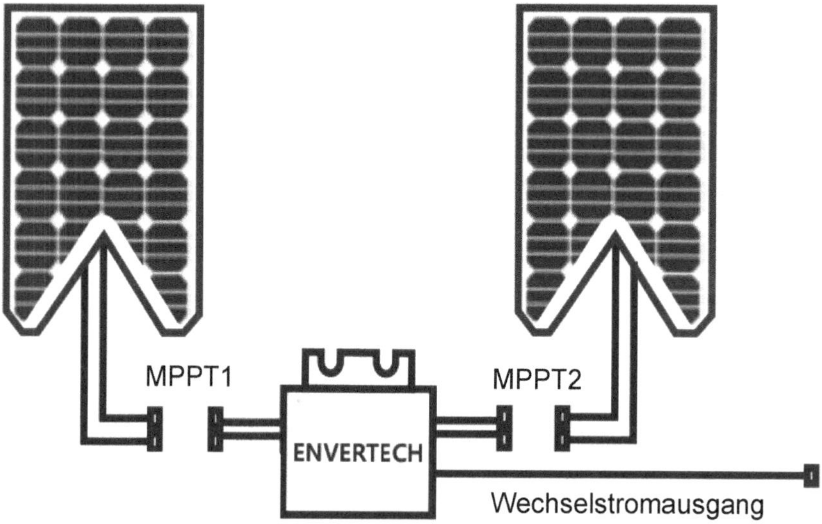

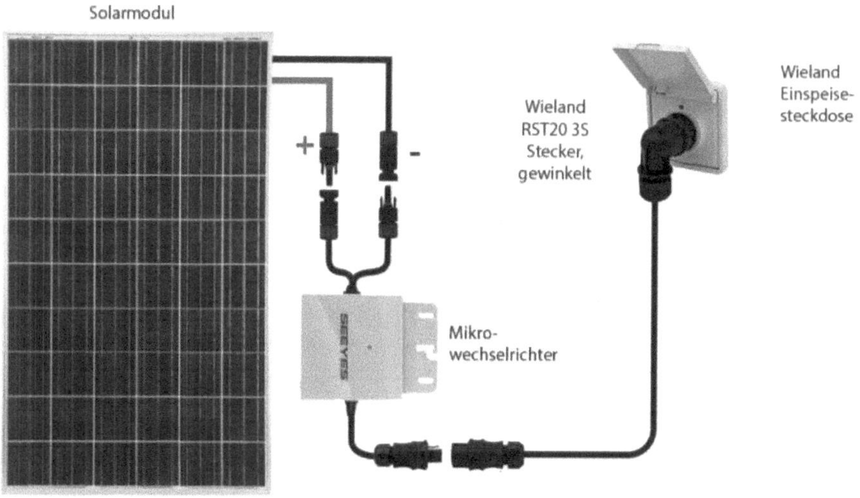

Abbildung 68 Verschaltung des Mikrowechselrichters

Anschließend muss der Wechselrichter an das Hausnetz angeschlossen werden. Dabei gibt es einige kontroverse Meinungen, ob eine gewöhnliche Schuko Steckdose zum Einspeisen verwendet werden darf, oder ob eine spezielle Einspeisesteckdose verwendet werden muss.

Es gibt zwei mögliche Anschlüsse, um die Balkonkraftanlage an das Hausnetz anzubinden. Dennoch wird häufig diskutiert, welche Anschlussart notwendig oder „legal" ist.

Entweder der gewöhnliche Schuko-Stecker, wie ihn jeder aus dem Haushalt kennt, oder ein **Einspeisestecker** und eine passende Steckdose. Marktführer für diese Einspeisesteckdose ist die der Firma *Wieland*.

Der Schuko Stecker vereinfacht den Aufbau der Mini-Solaranlage und entspricht dem Urgedanken der Guerilla-PV für jedermann. Die *Wiland*-Steckdose oder eine vergleichbare Steckdose muss hingegen von einem Elektriker installiert werden und kostet in den meisten Fällen so viel Geld, dass sich die gesamte Anlage nicht mehr rechnet.

Der Sinn einer speziell vorgesehenen Einspeisesteckdose ist der, dass der Laie keine Möglichkeit hat, aus Versehen an die Kontakte der Steckdose zu fassen, während die Solaranlage noch Strom liefert.

In der Praxis wird dieses Problem gelöst, indem sich der Wechselrichter auf das aktuelle Stromnetz synchronisiert. Wenn kein Netz vorhanden ist, weil der Stecker gezogen wurde, schaltet der Wechselrichter innerhalb von 20 ms ab. Ein Stromschlag ist dadurch ausgeschlossen. Aus diesem Grund sehen es viele Leute und auch Elektriker nicht als Gefahr an, einen gewöhnlichen Schuko Stecker zu installieren.

Dennoch kann es, beispielsweise bei einem Versicherungsfall, Probleme geben, wenn man einen gewöhnlichen Schuko Stecker verwendet. Es sind jedoch kaum bis keine Fälle bekannt, in denen von der Schuko Steckdose Gefahr ausgeht.

Die Verkäufer sichern sich dennoch ab. Der Wechselrichter wird ohne Stecker geliefert, so dass der Schuko Stecker oder der Wiland Stecker selbst montiert werden muss. Damit liegt die Verantwortung beim Verbraucher.

Es kann jedoch erforderlich sein, die vorhandene Sicherung des Stromkreises auszutauschen, an dem die Anlage angeschlossen wird. Standardmäßig sind die Haussicherungen mit einer 16 A Sicherung ausgestattet. Das bedeutet, wenn mehr als 16 A über die Leitungen fließen, schaltet die Sicherung ab.

Da im Stromkreis nun zusätzlich 560 W eingespeist werden und diese nicht über die Sicherung laufen, kann es unter Umständen dazu kommen, dass die Leitungen überlastet sind und beispielsweise ein Brand entstehen kann.

560 W aus unserem Beispiel entsprechen bei 230 V Spannung ungefähr einer Stromstärke von **2,4 A**, die zusätzlich über die Leitungen fließen. Deshalb muss die Sicherung von einer **16 A** Sicherung auf eine Sicherung, welche **bei 13,6 A** bereits auslöst, ausgetauscht werden.

Dieser Sachverhalt wird von Laien oftmals nicht beachtet.

Bei einer normgerechten Installation der Anlage und der Sicherung besteht anschließend grundsätzlich **keine Brandgefahr**.

Nachdem der Einbau und der Anschluss an das Hausnetz erfolgt, schauen wir uns die wirtschaftliche Betrachtung der Anlage an.

Eine Balkon-PV-Anlage, wie wir sie dimensioniert haben, liegt im Bereich von 600 € bis 800 €. Dabei sind Kosten für einen Elektriker nicht inbegriffen.

Beim jährlichen Ertrag setzen wir etwas konservativer an. Bei einer Ausbeute von 1000 kWh pro installiertem kWp Leistung würden wir 640 kWh pro Jahr erhalten. Da die Ausrichtung am Balkon meist senkrecht und damit nicht optimal ist, gehen wir von lediglich 90 % des Ertrags aus. Außerdem kann der Wechselrichter lediglich 560 W maximal einspeisen. Wie wir es bereits bei der 70 % Regelung gesehen haben, sind die durchschnittlichen Verluste einer gekappten Einspeisung bei lediglich 3 %. Als Schätzung, inklusiver aller Verluste, ergibt sich dadurch eine **jährliche Globalstrahlung von 560 kWh.**

Weiterhin gehen wir von einem durchschnittlichen Mieterhaushalt von zwei Personen und einem jährlichen Verbrauch von 2500 kWh aus.

Bei der Balkonkraftanlage erhalten wir leider **keine Einspeisevergütung** für eingespeisten Strom. Die Anlage muss sich deshalb ausschließlich durch die Stromersparnis rechnen. Der Eigenverbrauch kann dabei auf **60–70 %** angenommen werden. Für die Berechnung verwenden wir 65 %. Dieser hohe Eigenverbrauchsanteil ergibt sich durch die beschriebene Grundlast von einigen hundert Watt.

Das bedeutet, dass durch das Balkonkraftwerk jedes Jahr circa

$$65\,\% \cdot 560\,kWh = 360\,kWh$$

eingespart werden. Die restlichen 200 kWh erzeugter Energie wandern in das Stromnetz. Auch wenn wir dafür keine Entlohnung erhalten, verdrängt der erneuerbare Strom andere Stromquellen wie Kohlestrom und hilft so weiterhin, die Energiewende voranzutreiben.

Wenn wir 360 kWh einsparen, benötigen wir nur noch 2140 kWh, welche wir aus dem Netz ziehen müssen, statt zuvor 2500 kWh. Die **Autarkie** ergibt sich zu **15 %** und das mit lediglich zwei Solarpanels.

Setzen wir einen Strompreis von 40 Cent an, ergibt das zusätzlich eine jährliche Stromkostenminderung von circa **144 €.**

Bei Anschaffungskosten von 600 € bis 800 € amortisiert sich die Anlage nach bereits 4–6 Jahren. Wenn wir von einer Laufzeit von 20 Jahren ausgehen, generiert die Anlage insgesamt eine Energie von. $20\,Jahre\ \cdot 560\frac{kWh}{Jahr} = 11.200\ kWh$ Im Vergleich zu Kohlestrom spart die Anlage über 20 Jahre insgesamt Emissionen von **8 Tonnen** CO_2(!) ein.

Von der erzeugten Energie werden circa 65 %, sprich ungefähr 7280 kWh, selbst genutzt. Das ergibt einen Gesamtgewinn von

$$7280\ kWh \cdot 0{,}4\frac{€}{kWh} - 600\,€\ =\ \mathbf{2.312\,€.}$$

Wir sehen, dass bereits eine kleine Anlage einen enormen Einfluss auf die Umwelt und den Geldbeutel haben kann. Aus diesem Grund ist es wichtig, dass bürokratische Hürden oder technische Unklarheiten schnellstmöglich beseitigt werden.

12.3 Photovoltaik für Eigenheimbesitzer

Nachdem wir uns in den ersten beiden Beispielen Kleinanlagen gewidmet haben, schauen wir uns im Folgenden die Planung einer Photovoltaikanlage für ein Einfamilienhaus an. Für ein Zwei- oder Mehrfamilienhaus sind die Planungen analog. Lediglich der Verbrauch ändert sich dabei.

An diesem Beispiel soll der Prozess der Anschaffung einer Photovoltaikanlage durchlaufen werden – von der Planung, über die Angebotsbeurteilung bis zur Wirtschaftlichkeitsberechnung.

Um mit konkreten Zahlen rechnen zu können, nehmen wir ein fiktives Beispiel zur Hand.

In einem Einfamilienhaus wohnt die Familie *Anlage*. Die **vierköpfige Familie** besteht aus zwei Erwachsenen, *Petra* und *Viktor Anlage*, sowie zwei Kindern, *Phillip* und *Veronika Anlage*.

Das Haus der Familie besitzt ein **Satteldach** mit **Ost-West-Ausrichtung** und einer **Neigung von 20°.** Auf dem Dach sind keine Hindernisse, wie eine Dachgaube oder ein Dachfenster, vorhanden. Jedoch ist ein Schornstein angebracht, welcher im Tagesverlauf für Verschattung sorgt.

Das Einfamilienhaus steht im nördlichen Deutschland. Insgesamt hat der Haushalt einen **jährlichen Stromverbrauch von 7000 kWh**. Davon ergeben sich knapp **2000 kWh** auf das **E-Auto**. Momentan ist noch eine Gasheizung verbaut, eine Wärmepumpe soll zukünftig folgen.

Anhand dieser Daten kann eine sinnvolle Anlage konzipiert werden.

Dafür holt sich Familie Anlage verschiedene Angebote von örtlichen Solarteurfirmen ein und lässt sich beraten.

Ein Solarteur Vertreter schaut sich die Lage vor Ort an. Einige andere Firmen benötigen Bilder des Hauses und vom Stromzählerkasten.

Ein Bild des Stromzählerkastens ist wichtig, denn wenn der Stromzähler keinen Platz für weitere Komponenten, wie beispielsweise einem Smart Meter, bietet, muss der Zählerschrank ausgetauscht werden. Dabei fallen Kosten im Bereich 1.000 bis 2.000 € an.

Ggf. reicht auch ein zusätzlicher Verteilerkasten. Das ist ein „Mini-Zählerschrank", der neben den Hauptschrank montiert wird.

Zusätzlich zu den Bildern möchten die meisten Solarteure einen Lageplan sowie Bemaßungen vom Dach. Einige Firmen verwenden ebenfalls die Daten von Google Maps, um beispielsweise die Dachfläche besser abschätzen zu können oder sogar ein 3D-Modell erstellen zu können.

Wichtig dabei ist, den Solarteuren so präzise wie möglich mitzuteilen, was man möchte, beispielsweise ob das Dach vollgemacht werden soll, ob ein Speicher erwünscht ist oder Ähnliches. Natürlich kann man sich hier auch beraten lassen, jedoch ist es oftmals besser, wenn man sich zuvor selbst Gedanken gemacht hat.

Nach einigen Gesprächen erhält Familie Anlage einige Angebote. Dabei haben sie jeweils ein Angebot *mit* und ein Angebot *ohne* Batteriespeicher angefordert.

Das ist wichtig, damit man den Speicher direkt herausrechnen kann.

Wir schauen uns beispielhaft ein Angebot an:

Angebot

Nacht und Schatten GmbH *21.12.2022*
Mondstraße -23,5

12345 Dunkeldorf

Position	Bezeichnung	Menge	Einzel	Gesamt
1	PV-Anlage 9,8 kWp mit 12,8 kWh Speicher	1	18.000 €	18.000 €
2	Montage	1	3.500 €	3.500 €
3	Sonstige Elektronikarbeiten	1	3.500 €	3.500 €
Summe	**Netto**		**25.000 €**	
	Brutto (0 % MwSt.)		**25.000 €**	

Mit freundlichen Grüßen

Nacht und Schatten GmbH

Bei diesem Angebot sind keine Einzelpreise aufgeschlüsselt. Dadurch kann beispielsweise nicht errechnet werden, ob sich der Speicher wirtschaftlich rentiert.

Der Gesamtpreis mit 25.000 € netto ist für eine Anlage mit der Größe des Speichers hoch. Wenn wir beispielsweise den realistischen Wert von 1.200–1.400 € pro kWp für die Solaranlage annehmen, würde die PV-Anlage mit der Größe von 9,8 kWp rund 12.000–13.000 € kosten, der Speicher entsprechend ebenfalls 12.000–13.000 €, was bei der Größe des Speichers einen Preis von über 1.000 € pro kWh ergibt. Das ist für heutige Verhältnisse deutlich zu teuer.

Bei dieser Größe sollten die Preise im Bereich von 600–800 € pro kWh liegen.

Dadurch, dass man die Preise nicht direkt vergleichen kann, verschleiert die Firma, wie der Mehrpreis zu Stande kommt.

Außerdem ist der Speicher mit 12,8 kWh vollkommen **überdimensioniert** für die Anlage, welche lediglich 9,8 kWp stark ist.

Insgesamt wirkt das Angebot nicht schlüssig, weswegen Familie *Anlage* Abstand von diesem Anbieter nimmt.

Als Nächstes schauen wir uns ein Angebot an, welches viele Punkte deutlich besser darstellt.

Angebot

PV und Batterie GmbH *21.06.2022*
Sonnenallee 23, 5
12345 Scheinstadt

Position	Bezeichnung	Menge	Preis	Gesamt
1	Solarmodul QCells 380 Wp – 13,68 kWp gesamt	36	169 €	6.084 €
2	Hybridwechselrichter Fronius SYMO GEN24 10.0 PLUS 10 kW – Notstromfähig	1	2.499 €	2.499 €
3	Dachmontage und Installation inklusive Montagegestell mit Dachhacken	110 h	55 €	6.050 €
4	Fehlerstromabsicherung	1	195 €	195 €
5	Dehn Überspannungsableiter DC	1	85 €	85 €
6	Smart Energie-Meter 63A-3	1	385 €	385 €
7	6 mm² Solarkabel und Verbinder	80 m	3,95	316 €
8	Elektronikarbeiten und Zähleranschluss	5 h	200 €	1.000 €
	Gesamtpreis Photovoltaikanlage		***16.614 €***	
10	Batteriespeicher BYD Premium HVS 7,7 kWh Lithium-Eisen-Phosphat Speicher	1	3.990 €	3.990 €
11	Aufpreis Hybridwechselrichter	1	1.999 €	1.999 €
12	Anschluss des Speichers	2 h	150 €	300 €
	Gesamtpreis Speicher		***6.289 €***	
Summe			***22.903 €***	
	+MwSt. 0 %		***0 €***	
			22.903 €*	

**Das Angebot ist 28 Tage gültig.*

Mit freundlichen Grüßen

PV und Batterie GmbH

Schauen wir uns den Aufbau des Angebots an. Was ist gut, wo sollte man etwas nachhaken?

Zunächst sind beinahe alle Positionen aufgeschlüsselt. Dadurch kann man nachvollziehen, welche Kostenblöcke welchen Anteil an der Gesamtsumme haben.

Auch sehr vorbildlich ist, dass Einzelpreise für die PV-Anlage und den Speicher ausgeschrieben sind. So kann man sich leichter errechnen, ob sich der Speicher rentiert.

Suboptimal sind die Bezeichnungen der Positionen. Beispielsweise werden nur der Hersteller und die Leistung der Solarmodule genannt, jedoch nicht die Modellbezeichnung. Falls im Angebot Datenblätter der Module angehängt sind, ist das zu entschuldigen.

Insgesamt ist die Struktur des Angebots überdurchschnittlich gut. Das ist leider nicht die Regel. Oftmals erhält man Angebote ohne ausgewiesene Einzelposten, wie es beim ersten Angebot der Fall war.

Als Nächstes beurteilen wir das Angebot inhaltlich und schätzen zunächst ab, ob die Preise branchenüblich oder zu hoch sind.

Als Abschätzung für die Kosten erhalten wir:

$$16.614\,€ : \; 13{,}68\,\mathrm{kWp} \;\approx 1.200\,\frac{€}{\mathrm{kWp}}$$

Für den Speicher ergibt sich:

$$6.289\,€ : \; 7{,}7\,\mathrm{kWh} \;\approx 816\,\frac{€}{\mathrm{kWh}}$$

Beide Werte sind bei der ersten Abschätzung im grünen Bereich.

Dabei muss beachtet werden, dass alle Kosten für den Speicher auch diesem zugeordnet werden, beispielsweise den Mehrpreis für einen Hybridwechselrichter. Oftmals empfiehlt es sich zwei Angebote, einmal mit und einmal ohne Speicher, zu erhalten. Damit schließt man aus, dass entweder der Speicher oder die Anlage geschönt wird.

Familie *Anlage* muss nicht lange überlegen und entscheidet sich für das zweite Angebot. Dabei erinnern wir uns an die Auslegungsvorschriften eines Speichers zurück. Als Faustformel können wir uns merken, dass ein Speicher nicht größer als der jährliche Verbrauch geteilt durch 1000 sein sollte, um ihn wirtschaftlich betreiben werden zu können. Und selbst dann muss akribisch nachgerechnet werden, ob sich der Speicher rentiert.

Bei einem Verbrauch von 7000 kWh pro Jahr ergibt das eine maximal sinnvolle Speichergröße von 7 kWh. Der angebotene Speicher liegt in diesem Bereich. Ein Speicher von beispielsweise 10 kWh wäre deutlich überdimensioniert

Das muss jedoch nicht automatisch bedeuten, dass er unrentabel ist. Wie immer kommt es auf das Verhältnis von Preis zu Mehrwert an.

Um entscheiden zu können, ob die Anlage rentabel ist, müssen wir errechnen, wie viel Energie der Speicher pro Jahr speichern kann. Dafür gibt es verschiedene Rechner. Häufig verwendet der Solarteuer ebenfalls solch einen Rechner.

Beispielhaft verwenden wir wieder den Rechner von der HTW Berlin:

https://pvspeicher.htw-berlin.de/unabhaengigkeitsrechner/

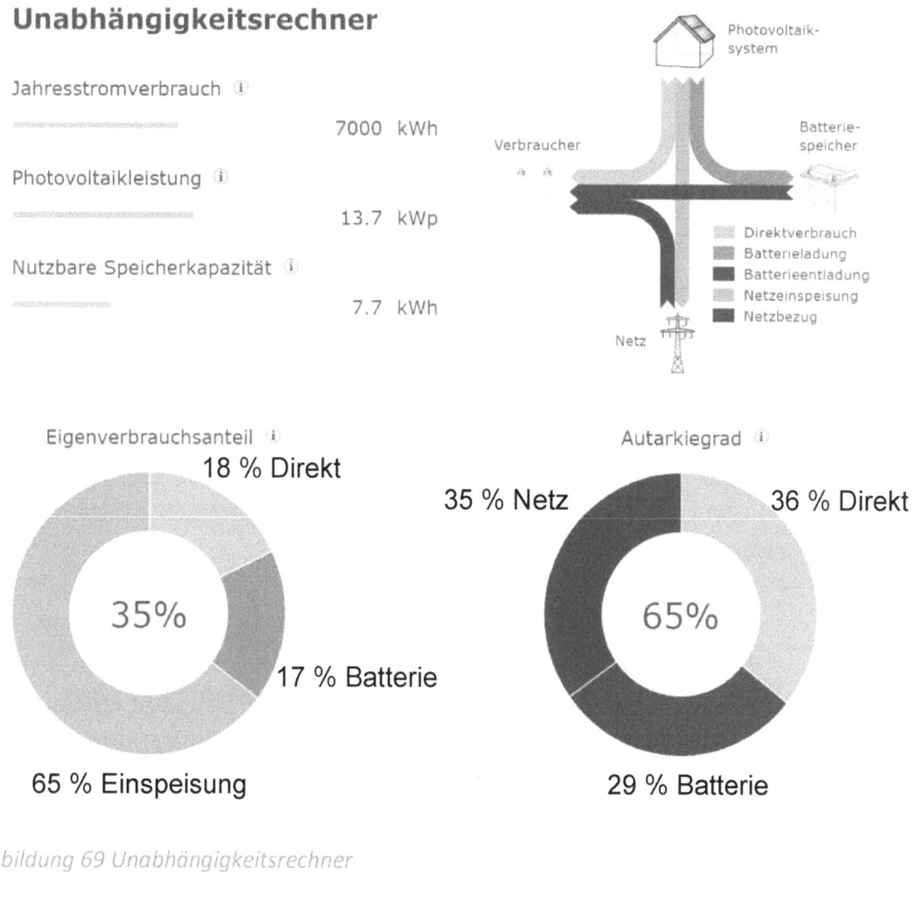

Abbildung 69 Unabhängigkeitsrechner

Mit diesen Werten errechnen wir die Rentabilität der Anlage.

Wir erhalten einen Eigenverbrauchsanteil von 35 %, davon werden direkt 18 % und indirekt über den Speicher 17 % verbraucht. Die Autarkie ergibt sich zu 65 %, wobei der Speicher eine Erhöhung von 29 % ermöglicht. Der Speicher verdoppelt demnach den Autarkiegrad knapp.

Umgerechnet auf den Verbrauch von 7000 kWh ergibt das eine gespeicherte Kapazität von 29 % $\cdot\ 7000\ kWh \approx 2000\ kWh$, die der Akkuspeicher jährlich speichert. Das entspricht bei einer Kapazität von 7,7 kWh ungefähr **260 Vollzyklen pro Jahr**. Das ist ambitioniert, jedoch bei einem Verbrauch von 7000 kWh realistisch.

Beim Speichern fallen zudem Verluste von circa 20 % an, weshalb der Speicher real circa 2400 kWh benötigt, um die 2000 kWh zu speichern. Die restlichen 400 kWh gehen beim Speichern verloren.

Pro Jahr ergibt sich eine Kostenersparnis durch den Speicher von zusätzlich.$2\,000\ kWh \cdot 0{,}4\ ct = \mathbf{800\ €}$

Der Bruttostrompreis wird dabei zu 0,4 ct/kWh angenommen.

Diese Berechnungen sind nicht 100 % akkurat, da viele Variablen berücksichtigt werden. Außerdem sind noch keine Langzeiterfahrungen mit Speichersystemen vorhanden. Im Rahmen einer einfachen Kostenabschätzung haben die Vereinfachungen keinen signifikanten Einfluss.

Es kommt dazu, dass wir den Strom ebenfalls nicht für 8,2 ct/kWh einspeisen können. Dabei müssen ebenfalls die Verluste berücksichtigt werden. Denn ohne Speicher würden wir zusätzlich 2400 kWh einspeisen.

Die Einspeisevergütung beträgt nicht konstant 8,2 ct/kWh, sondern ist, wie wir es bereits kennengelernt haben, nach der Anlagengröße gestaffelt. Bis 10 kWp erhält die Familie 8,2 ct/kWh, für die zusätzliche Energie lediglich 7,1 ct/kWh. Bei einer Anlagengröße von 13,68 kWh ergibt sich einen durchschnittlichen Misch-Preis von:

$$\frac{10\ kWp \cdot 8{,}2\frac{ct}{kWh} + 3{,}68\ kWp \cdot 7{,}1\frac{ct}{kWh}}{13{,}68\ kWp} = 7{,}9\ ct/kWh$$

Das ergäbe eine Einspeisevergütung von $2400\ kWh \cdot 0{,}079\ ct \approx \mathbf{190\ €}$. Insgesamt sparen wir durch den Speicher entsprechend

$800\ € - 190\ € = \mathbf{610\ €}$.

Bei einer angenommenen Lebensdauer des Speichers von **15 Jahren** ergibt das eine Ersparnis von.$610\ € \cdot 15\ Jahre = \mathbf{9150\ €}$ Das bedeutet, dass der Speicher sich nach **15 Jahren** mehr als amortisiert hat. Der Preis liegt bei 6289 €.

Die Amortisationszeit des Speichers liegt bei $6.298\ € : 465\frac{€}{Jahr} = 10{,}3\ Jahre$.

Jedoch haben wir den Autarkiegrad ohne Speicher von 36 % angenommen. Durch intelligente Systeme, wie wir sie kennengelernt haben, kann man diesen Wert einfach um mindestens 5–10 Prozentpunkte steigern. Dadurch rentiert sich der Speicher jedoch später.

In der Realität wird bereits das Elektroauto der Familie Anlage einen Autarkiegrad von 40 bis 50 % statt den angegebenen 36 % ermöglichen. Das West-Ost-Dach erhöht den Eigenverbrauch ebenfalls.

Der Speicher würde die Autarkie entsprechend nur 15–20 % erhöhen, statt wie angenommen 29 %.

Als Folge würden sich die Vollzyklen des Speichers auf 150–200 pro Jahr reduzieren. Der Speicher amortisiert sich bei diesem Szenario erst nach 20 Jahren, was außerhalb der angepeilten Lebensdauer wäre.

Auf der anderen Seite sind wir auch von gleichbleibenden Energiepreisen ausgegangen. Wenn der Strompreis in den nächsten 15 Jahren auf 0,6 € steigt, ergibt das einen mittleren Strompreis von 0,5 €.

Dann würde der Speicher sich innerhalb von 8 Jahren amortisieren. Innerhalb seiner Lebenszeit von 15 Jahren würde er über 10.000 € erwirtschaften und wäre damit deutlich wirtschaftlich.

In diesem Szenario muss sich Familie *Anlage* entscheiden, ob die persönlichen Vorlieben für einen Speicher sprechen oder nicht.

Durch das E-Auto und eine zukünftige Wärmepumpe wird sich die Amortisationszeit sehr wahrscheinlich auf 15 oder mehr Jahre erhöhen, durch steigende Energiepreise wiederum reduzieren. Nicht zu vergessen ist die Notstromfähigkeit des Speichers. Wenn im Wohnort von Familie *Anlage* das Stromnetz regelmäßig aussetzt, macht ein Speicher wiederum Sinn.

Wir sehen, dass es viele Einflussfaktoren gibt, die die Rentabilität des Speichers sowohl positiv als auch negativ beeinflussen können.

Schauen wir uns als Nächstes an, ob sich die PV-Anlage rentiert. Dort treten deutlich weniger Einflussfaktoren auf.

Dafür nehmen wir wieder eine jährliche Globalstrahlung von 1000 kWh pro 1 kWp an.

Ohne Speicher würde die Anlage demnach circa 13 700 kWh pro Jahr erzeugen. Die Autarkie liegt dabei bei 36 % bzw. der Eigenverbrauchsanteil bei 18 %, was umgerechnet auch dem Verbrauch circa 2500 kWh entspricht.

Die restlichen 11 200 kWh werden ins Stromnetz eingespeist.

Das kann sich doch nicht rentieren, wenn man lediglich 2500 kWh von 13 700 kWh selbst verbraucht, oder?

Schauen wir uns die Berechnung genauer an. Für die 2500 kWh sparen wir jährliche Strombezugskosten von

$$2500\,kWh \cdot 0{,}4\,ct = 1.000\,€.$$

Die Einspeisevergütung dabei liegt bei $11.200\ kWh \cdot 0{,}079\ ct = 885$ €.

Insgesamt generiert die Anlage entsprechend 1885 €. Bei Anschaffungskosten von 16.614 € ergibt das eine Amortisationsdauer von

$$16.614\,€ : 1.885 \frac{€}{\text{Jahr}} = 8{,}8\ \text{Jahre.}$$

Wir sehen, dass die Amortisationszeit der Anlage rund zwei Jahre vor der Amortisationszeit des Speichers liegt.

Das bedeutet nicht, dass sich der Speicher nie rentiert.

Wenn genügend Kapital vorhanden ist und nicht mehr Module auf das Dach passen, ist ein kleiner Speicher oftmals sinnvoll.

Andernfalls würden sich mehr PV-Module früher amortisieren, da sie ebenfalls den Autarkiegrad erhöhen.

Wahrscheinlich würde sich ein kleinerer Speicher im Bereich von 3-5 kWh ebenfalls deutlich schneller abzahlen.

Zusammenfassend stellt Familie *Anlage* die verschiedenen Optionen tabellarisch dar.

Amortisationsdauer der Anlage in Jahren

	Ohne Speicher	**Mit Speicher**
Stand Heute	8,8 Jahre	10,3 Jahre
Mit optimiertem Eigenverbrauch	< 7 Jahre	> 12 Jahre
Mit optimiertem Eigenverbrauch inklusive E-Auto und Wärmepumpe	<< 7 Jahre	>> 12 Jahre
Bei Strompreissteigerung	Verringerung der Amortisationsdauer	

Diese Tabelle bezieht sich ausschließlich auf das Beispiel der Familie *Anlage*. Sie dient lediglich zur Veranschaulichung. Die Amortisationszeit hängt stark von den Kosten und dem Ertrag einer Photovoltaikanlage ab. Auch das Lastprofil oder die berufliche Situation (wie im Beispiel des E-Autos) spielen eine große Rolle. Daher können die verschiedenen Amortisationszeiten bei einem anderen Angebot stark abweichen. Wie immer muss eine Einzelfallbetrachtung stattfinden.

Nachdem Familie *Anlage* die Wirtschaftlichkeit der PV-Anlage und des Speichers berechnet hat, entscheidet sie sich dennoch für einen Speicher. Der Hauptgrund ist, dass Familie *Anlage* zukünftig von starken Preisanstiegen ausgeht.

Durch die Finanzierung über die KfW-Bank spielt das Kapital auch keine primäre Rolle. Außerdem ist das Dach mit 13,7 kWp bereits vollbestückt. Ansonsten hätte Familie *Anlage* eine Vollbestückung des Dachs vorgezogen.

Die Notstromfähigkeit des Speichers ist ein nettes Feature, war jedoch nicht ausschlaggebend, da Familie *Anlage* in einer Gegend mit wenigen bis keinen Stromausfällen lebt.

Die Familie ist glücklich mit ihrer Entscheidung und fühlt sich gut, da sie schon bald ihre eigene Energie direkt vom Eigenheimdach gewinnen wird und gleichzeitig der Umwelt etwas Gutes tun.

Gleichzeitig spart die Familie zukünftig jede Menge Stromkosten und erhält sogar noch einen kleinen Bonus in Form der Einspeisevergütung obendrauf.

13 Schlusswort

Damit sind wir am Ende dieses Einsteigerratgebers rund um das Thema Photovoltaik und Batteriespeicher angekommen.

Wir haben die Grundlagen der Elektrotechnik und der Modul- und Batterietechnik kennengelernt. Wir wissen, wie ein Wechselrichter funktioniert und welches Potenzial er von der Stromerzeugung auf dem eigenen Hausdach mit sich bringt - sowohl aus finanzieller als auch aus ökologischer Sicht.

Natürlich war dies nur ein kleiner Anschnitt von Themen, über die man selbst ein ganzes Buch verfassen kann. Die Energiewende ist im vollen Gange, deshalb muss man immer up-to-date bleiben und sich nicht vor Neuerungen verschließen.

Das Wichtigste ist, sich mit dem Thema auseinanderzusetzen, dabei das Potenzial, aber auch die Herausforderungen im Auge zu behalten. Dadurch können immer mehr Menschen ein Stück Unabhängigkeit und Selbstbestimmung erreichen und gleichzeitig unserem Planeten, unseren und deren Kindern einen großen Dienst erweisen.

Und jetzt ist es höchste Zeit Familie *Anlage* zu folgen und das angeeignete Wissen in die Tat umzusetzen.

„Die nächste Generation darf nicht Geisel der Energiequellen des vergangenen Jahrhunderts sein."

- *Barack Obama, Juni 2010*

Gratis E-Book

Danke, dass du dir dieses Buch gekauft hast. Da der Buchdruck direkt von Amazon übernommen wird und ich keinen Einfluss auf die Qualität der Bilder habe, kann es sein, dass vereinzelt Details verlorengehen.

Deshalb biete ich beim Buchkauf das eBook in Farbe gratis als PDF-Datei an. Dort finden sich alle Bilder hochauflösend, und man erhält immer die aktuelle Version.

Dazu schicke eine Nachricht mit dem Betreff „Photovoltaik-E-Book" sowie einen Screenshot des Kaufs oder einen Nachweis über die Bestellung an folgende E-Mail-Adresse (private Daten können geschwärzt sein):

BenjaminSpahic@pbd-verlag.de

Ich werde dir das eBook umgehend zukommen lassen. Wenn dir etwas fehlt, nicht gefallen hat, oder du Verbesserungsvorschläge oder Fragen hast, schreib mir gerne eine E-Mail.

Wenn dir das Buch gefallen hat, würde ich mich über eine positive Bewertung bei Amazon freuen. Das hilft der Sichtbarkeit des Buchs und ist das größte Lob, das ein Autor bekommen kann.

Dein Benjamin

Über den Autor

Benjamin Spahic ist ein aufstrebender Technik-Autor und Experte auf dem Gebiet der Elektrotechnik und Erneuerbaren Energien.
Benjamin ist zudem zertifizierter Energieberater und hat einen Master-Abschluss in der Informationstechnik mit Schwerpunkt auf Energietechnik und Erneuerbaren Energien.

Während seines Studiums war Benjamin als Schülerhilfe und ehrenamtlicher Nachhilfelehrer tätig. Gleichzeitig sammelte er praktische Erfahrung bei der Siemens AG am Standort Karlsruhe in der Hardware-Entwicklung.
Benjamin verwendet in seinen Büchern einer leicht verständlichen Sprache, um seine weitreichende Expertise zu vermitteln.

Seine Werke werden in diversen Schulen, Universitäten und Weiterbildungskursen verwendet. Zudem wurden zahlreiche seiner Werke übersetzt.
Benjamins Ziel ist es, preiswerte Bildung einer breiten Masse an Lesern zugänglich zu machen und dadurch die Expertise im Bereich der Technik zu fördern.

Passend zu diesem Buch:

Wärmepumpen ohne Vorkenntnisse:

Innerhalb von 7 Tagen unabhängig von Öl und Gas – inklusive Checklisten für Alt- und Neubau

ISBN: 9798825594262

Exklusiv auf Amazon kaufen:

https://www.amazon.de/dp/B0B14G5N5C

ZUM BUCH!

Quellen und Weiterführende Literatur:

Bildnachweise:

Alle nicht genannten Inhalte wurden vom Autor selbst erstellt. Er ist daher Urheber der Grafiken und hat die Verwendungs- sowie Verbreitungsrechte.

Abbildung 11	https://de.wikipedia.org/wiki/Datei:Monokristalines_Silizium_f%C3%BCr_die_Waferherstellung.jpg	*
Abbildung 12	https://pixabay.com/de/vectors/solarzellen-sonne-solar-%c3%b6kologie-157122/	*
Abbildung 15	https://www.erneuerbare-energien.de	
Abbildung 17	https://commons.wikimedia.org/wiki/File:Energiespeicher2.svg	*
Abbildung 20	https://commons.wikimedia.org/wiki/File:Lithium-Ion_Cell_cylindric.JPG	*
Abbildung 21	https://pixabay.com/de/photos/salzsee-salz-mineralien-594609/	
Abbildung 22	https://greenakku.de/Ladegeraete/Solarladeregler/MPPT-Solarladeregler/SmartSolar-MPPT-150–85-MC4-Solarladeregler-12-24-36-48V-85A::623.html	
Abbildung 25	https://commons.wikimedia.org/wiki/File:Dreiphasenwechselstrom.svg	*
Abbildung 26	https://de.wikipedia.org/wiki/IEC_60309#/media/Datei:CEE-Stecker.jpg	*
Abbildung 27	https://de.wikipedia.org/wiki/Steckdose#/media/Datei:Steckdose.jpg	*
Abbildung 28	https://www.fronius.com/de-ch/switzerland/solarenergie/installateure-partner/technische-daten/alle-produkte/wechselrichter/fronius-symo/fronius-symo-6-0–3-m	
Abbildung 34	https://www.solaredge.com/de/products/power-optimizer#/	
Abbildung 35	https://envertec.com/de/products/#evt560	
Abbildung 36	https://www.obo.de/produkte/schutzinstallation/planungshilfen/planungshilfen-blitz-und-ueberspannungsschutz-photovoltaik/aeusserer-blitzschutz/	
Abbildung 37	https://commons.wikimedia.org/wiki/File:Moeller_Xpole_PXF-40–4-003-A-2288.jpg	*
Abbildung 40	https://www.amazon.de/dp/B007SJ1N4S?th=1	
Abbildung 42	https://www.amazon.de/dp/B07BPP99XM/	
Abbildung 47	https://pvspeicher.htw-berlin.de/unabhaengigkeitsrechner/	
Abbildung 55	https://strom-report.de/strompreise/strompreis-zusammensetzung/	
Abbildung 56	https://k2-systems.com	
Abbildung 57	https://www.ebay.de/itm/202751009495	
Abbildung 58	https://kitawa.de/thermografie-pv-anlagen	
Abbildung 59	https://apkpure.com/de/solaredge-monitoring/com.solaregde.apps.monitoring	
Abbildung 63	https://play.google.com/store/apps/details?id=de.sma.energy&hl=de&gl=US	
Abbildung 66	https://www.cleanthinking.de/balkonkraftwerk-vorteile-und-nachteile-eines-balkonkraftwerks/	
Abbildung 67	https://www.eet.energy/wp-content/shared/uploads/2021/01/EVT_Anleitung.pdf	
Abbildung 68	https://pvspeicher.htw-berlin.de/unabhaengigkeitsrechner/	

FSC
www.fsc.org
MIX
Papier | Fördert gute Waldnutzung
FSC® C083411

Kolibri 360 GmbH
Ferdinand-Jühlke-Straße 7
99095 Erfurt, Deutschland
produktsicherheit@kolibri360.de